確率・統計の基礎

大野博道・岡本 葵・河邊 淳
鈴木章斗
共著

培風館

まえがき

　統計には大別すれば記述統計と推測統計の2つの種類がある．記述統計では，調査したい集団の要素全部に対して何らかの観測を行ってデータを収集し，得られたデータから集団がもつ全体的な傾向や性質を把握することが主たる目的となる．一般に，記述統計で取り扱うデータ数は膨大なので，それをただ眺めているだけでは調査対象に対する知見を得ることは難しい．そこで，度数分布表を用いてデータを整理し，それをヒストグラムや散布図などを使ってわかりやすく表現したり，平均，分散，標準偏差，相関係数などの代表値を計算する方法を学ぶ必要がある．

　一方，推測統計では，調査対象である母集団から抽出したごく少数の標本から母集団のもつ傾向や性質をつかむことになる．その際，どんな標本が抽出されるかは偶然性に左右される．それゆえ，記述統計とは異なり，推測統計では偶然性を数学的に取り扱える確率の知識が必要となる．統計を学ぶ際に，その準備として確率の考え方を学ぶ理由がここにある．

　本書は，確率と統計における基本的な考え方や方法について，高校での学習内容との重複をいとわずに，最初からていねいに説明した初学者向けの入門書である．

　第1章では，確率，確率変数，確率分布などについて，大学1年次に履修する広義積分や多変数関数の微積分を用いて，より一般的に取り扱う方法を学ぶ．各種分布の平均や分散の計算など，とりあえずは結果だけ知っていれば後に続く内容の理解に困らない部分は付録Aにまとめている．

　第2章では，記述統計の基礎的な知識と手法がまとめられている．この章では高校で学んだ内容に加え，質的データと量的データの相違，算術平均以外の平均として調和平均や幾何平均，2つの変量間の関係を明らかにする統計的手法である回帰分析についても簡単に紹介している．しかし，時間が不足する場合は，この章の説明を授業で省略しても，第3章の内容の理解を妨げないよう

に配慮している．付録 B では，社会における所得の不平等さを測る指標として用いられるジニ係数とローレンツ曲線を取り上げている．

　第 3 章の内容は推測統計である．ここでは，統計的推定と検定について，母平均，母分散，母比率の推定と検定に焦点を絞って，その考え方や方法を詳細に解説している．特に，区間推定の公式や検定方式を導く際に，第 1 章で学ぶ確率の知識がどのように応用されているかがわかるように説明されている．これにより，読者は本書で紹介した以外の推定や検定の問題にも十分に対処できる能力を養えるはずである．なお，付録 C では，各自の専門科目の学習や卒業研究で利用できるように，母平均の差の検定，等分散の検定，適合度の検定，独立性の検定を紹介したので，必要に応じて学んでほしい．

　確率と統計を苦手とする学生にその理由を尋ねると，「数学の本としては文章の量が多く，数多くの用語も登場するので混乱してしまう」という答えが返ってくることが多い．そこで，本書では内容を小項目に分けて説明する工夫をしている．また，新たな用語や手法の解説の後には必ず関連する例題と類似問題を配置し，自分の理解度を確かめながら学習が進められるように配慮している．読者には，必ずこれらの問題や節末問題をていねいに解くことを心がけてもらいたい．そうすることで，本書の内容をより深く理解し，それらを確実に身につけられると確信している．その一助となるべく，下記の URL に本文中の問や節末問題の略解を掲載したので活用いただきたい．

　http://www.shinshu-u.ac.jp/faculty/engineering/appl/statistics.htm

　2021 年 9 月

著　者

目　　次

3. 推定と検定　　　　　　　　　　　　　　　75

付録 A　　　　　　　　　　　　　　　　117

付録 B　　　　　　　　　　　　　　　　122

付録 C　　　　　　　　　　　　　　　　126

ギリシャ文字

大文字	小文字	読　み	大文字	小文字	読　み
A	α	アルファ	N	ν	ニュー
B	β	ベータ	Ξ	ξ	グザイ
Γ	γ	ガンマ	O	o	オミクロン
Δ	δ	デルタ	Π	π	パイ
E	ε	イプシロン	P	ρ	ロー
Z	ζ	ゼータ	Σ	σ	シグマ
H	η	エータ	T	τ	タウ
Θ	θ	シータ	Υ	υ	ユプシロン
I	ι	イオタ	Φ	ϕ, φ	ファイ
K	κ	カッパ	X	χ	カイ
Λ	λ	ラムダ	Ψ	ψ	プサイ
M	μ	ミュー	Ω	ω	オメガ

1
確率と確率分布

　高校で学ぶ確率では，根元事象が同様に確からしく起こることを仮定している．そのため，事象の確率を求めるには，事象に含まれる要素の個数を数え上げればよい．しかし，一般には根元事象が同様に確からしく起こらない現象や，根元事象が無限個存在する現象もある．これらの現象を取り扱うには，事象と確率について，その定義を見直す必要がある．

　また，事象を数値化して取り扱うには確率変数が便利である．しかし，高校では広義積分や多変数関数の微積分を学んでいないため，確率変数の取り扱いは限定的であった．ここでは，大学で学ぶ微積分を用いることで，より深く確率変数を取り扱う．

1.1　確　　率

1.1.1　高校で学んだ確率の復習

　さいころ投げやくじ引きのように，同じ条件のもとで繰り返すことのできる調査，実験，観測を**試行**といい，試行の結果として起こる事柄を**事象**という．例えば，さいころ投げの試行では，「奇数の目が出る」事象 A や，「2 以下の目が出る」事象 B などが考えられる．これらの事象は集合を用いて，

$$A = \{\text{「1 の目が出る」，「3 の目が出る」，「5 の目が出る」}\},$$
$$B = \{\text{「1 の目が出る」，「2 の目が出る」}\}$$

と表すことができる. 以下では, 簡単のため, 上記の集合 A や B を単に $A = \{1, 3, 5\}$, $B = \{1, 2\}$ と表すことにする.

　一般に, 試行により起こりうる分解不可能な結果を**標本点**, 標本点全体の集合 Ω を**標本空間**, その部分集合を**事象**といい, A, B, C などで表す. 標本空間 Ω をすべての標本点を含む事象と考えたときは, Ω のことを**全事象**という. また, 標本点を一つも含まない集合である空集合 $\emptyset$ を**空事象**, ただ一つの標本点からなる集合を**根元事象**という. すなわち, 根元事象はそれ以上分解できない事象である. また, 事象 A に属するどれか一つの標本点が起こるとき A が**起こる**といい, 事象 A に属する標本点の個数を $n(A)$ で表す.

　例えば, さいころ投げの試行では, 標本点は 1, 2, $\cdots$, 6 なので, 標本空間は $\Omega = \{1, 2, 3, 4, 5, 6\}$, 根元事象は $\{1\}$, $\{2\}$, $\cdots$, $\{6\}$ であり, $n(\Omega) = 6$ である. また, $A = \{1, 3, 5\}$ は奇数の目が出る事象で, $n(A) = 3$ である.

　高校で学ぶ確率では, どの標本点 (または根元事象) が起こることも同程度に期待される (**同様に確からしい**) ことを仮定して, 事象 A が起こる確率 $P(A)$ を

$$P(A) = \frac{n(A)}{n(\Omega)}$$

と定義している. この確率の定義を**算術的定義**という.

　算術的定義に従って確率を求めるには, 事象に含まれる標本点の数, すなわち場合の数を求めることが必要となる. そこで, 高校で学んだ場合の数を求めるのに便利な性質を復習しておく.

●**命題 1**　異なる n 個のものから r 個取り出して 1 列に並べる**順列**の総数は

$$_n\mathrm{P}_r = n(n-1)(n-2)\cdots(n-r+1) = \frac{n!}{(n-r)!}$$

である. 特に, 異なる n 個のものを 1 列に並べる順列の総数は $n!$ である.

●**命題 2**　異なる n 個のものから重複を許して r 個取り出し, 1 列に並べる**重複順列**の総数は n^r である.

●**命題 3**　異なる n 個のものから r 個取る**組合せ**の総数は

$$_n\mathrm{C}_r = \frac{n!}{r!(n-r)!}$$

である. また, $_n\mathrm{C}_r = {}_n\mathrm{C}_{n-r}$ が成り立つ.

●**命題 4**　多項式 $(a+b)^n$ の展開式について，**二項定理**

$$(a+b)^n = \sum_{r=0}^{n} {}_n\mathrm{C}_r\, a^r b^{n-r}$$

が成り立つ．また，${}_{n-1}\mathrm{C}_{r-1} + {}_{n-1}\mathrm{C}_r = {}_n\mathrm{C}_r$ である．

　確率の算術的定義では，どの標本点が起こることも同様に確からしいことが仮定されているが，例えば，歪んだ硬貨や一部が欠けたさいころを投げる試行では，硬貨の表裏やさいころの目の出方を同様に確からしいと仮定することはできない．このような場合は，試行を N 回繰り返したときの事象 A が起こる回数 N_A を用いて，

$$P(A) = \lim_{N \to \infty} \frac{N_A}{N}$$

で確率を定義する．この確率の定義を**相対度数的定義**という．しかし，実際には試行を無限回繰り返すことは不可能なので，十分大きな N に対して，

$$P(A) = \frac{N_A}{N}$$

と定める．例えば，歪んだ硬貨を 1000 回投げて表が 200 回出たとすると，表が出る事象 A の起こる確率は，相対度数的定義に従えば，

$$P(A) = \frac{200}{1000} = \frac{1}{5}$$

となる．

　ある試行を同一条件のもとで繰り返すとき，その一連の試行を**反復試行**という．一般に，反復試行について次が成り立つ．

●**命題 5**　ある試行で事象 A が起こる確率を p とする．この試行を n 回繰り返す反復試行において，事象 A がちょうど r 回起こる確率は

$$ {}_n\mathrm{C}_r\, p^r (1-p)^{n-r} \quad (r = 0, 1, \cdots, n)$$

である．

1.1.2　事象と確率の定義

　高校で学ぶ確率では，どの標本点も同様に確からしく起こることが仮定されていたが，一般の試行ではそうならない場合もある．また，試行で得られる結果が距離や重さのような連続値の場合は，標本点が無限に多く存在する．このような試行にも対応できるように，事象と確率を以下で定義し直しておく．

■ **事象の定義**　全事象，空事象，余事象，和事象，積事象，差事象の定義と事象としての意味は以下のとおりである．

事象の種類	定　義	事象としての意味
全事象 Ω	標本点全体からなる集合 全体集合	必ず起こる事象
空事象 $\emptyset$	標本点を1つも含まない集合 空集合	絶対に起こらない事象
余事象 A^c	A の補集合	A が起こらない事象
和事象 $A \cup B$	A と B の和集合	A, B の少なくとも一方が起こる事象
積事象 $A \cap B$	A と B の積集合	A と B が同時に起こる事象
差事象 $A \setminus B$	A から B を引いた差集合	A は起こるが B は起こらない事象

なお，高校では集合 A の補集合を $\overline{A}$ で表していたが，ここでは A^c を用いる．また，集合 A の要素から集合 B の要素をすべて取り除いた集合を A から B を引いた**差集合**といい，$A \setminus B$ で表す．いい換えれば，

$$A \setminus B = A \cap B^c$$

である．また，$A^c = \Omega \setminus A$ である．

包含関係 $A \subset B$ は，A が起こると必ず B が起こることを意味する．事象 A と B の積事象が空事象，すなわち $A \cap B = \emptyset$ のとき，A と B は**互いに排反**であるという．A と B が互いに排反であることは，A と B が同時には起こらないことを意味する．

有限個の事象 $A_1, A_2, \cdots, A_n$ に対して，それらの和事象を $A_1 \cup A_2 \cup \cdots \cup A_n$ や $\bigcup_{i=1}^{n} A_i$ で，積事象を $A_1 \cap A_2 \cap \cdots \cap A_n$ や $\bigcap_{i=1}^{n} A_i$ で表す．

■ **確率の定義**　任意の事象 A に対して実数 $P(A)$ が定まり，次の3つの条件を満たすとき，P を**確率**，$P(A)$ を **A が起こる確率**という．

(P1)　$0 \leqq P(A) \leqq 1$

(P2)　$P(\Omega) = 1$

(P3)　有限個の事象 A_1, A_2, $\cdots$, A_n のどの異なる 2 つも互いに排反ならば

$$P\left(\bigcup_{i=1}^{n} A_i\right) = \sum_{i=1}^{n} P(A_i).$$

この性質を確率の**加法性**という.

■ **確率の定義に関する注意**　高校の教科書で確率の基本性質とされている次の条件:

(P3*)　事象 A と B が互いに排反ならば $P(A \cup B) = P(A) + P(B)$.

は, (P3) と同値である (問題 1.1 の 8 をみよ). また, 標本点の個数が無限個のときは, 無限個の事象 A_1, A_2, $\cdots$ の和事象 $\bigcup_{i=1}^{\infty} A_i$ や積事象 $\bigcap_{i=1}^{\infty} A_i$ を取り扱う場合がある. これらの事象の確率を求めるには, 確率の定義の (P3) を次の条件:

(P4)　無限個の事象 A_1, A_2, $\cdots$ が互いに排反, すなわち, A_1, A_2, $\cdots$ のどの異なる 2 つも互いに排反ならば

$$P\left(\bigcup_{i=1}^{\infty} A_i\right) = \sum_{i=1}^{\infty} P(A_i).$$

この性質を確率の**可算加法性**という.

に強める必要があり, 確率論の専門書では, (P3) の代わりに (P4) を確率の加法性の定義として採用している. しかし, 本書を読み進めるには, 確率の加法性に関する要請は (P3) で十分である.

確率の定義から, 直ちに次の性質が導かれる.

● **定理 1**　以下が成り立つ.

(1)　$P(A^c) = 1 - P(A)$　(余事象の確率)

(2)　$P(\emptyset) = 0$　(空事象の確率)

(3)　$P(A \cup B) = P(A) + P(B) - P(A \cap B)$　(和事象の確率)

(4)　$A \subset B$ ならば $P(A) \leqq P(B)$.　(確率の単調増加性)

証明　(1)　A と A^c は互いに排反なので, $A \cup A^c = \Omega$ より, $1 = P(\Omega) = P(A) + P(A^c)$ となる.

(2)　Ω と $\emptyset$ は互いに排反なので, $\Omega \cup \emptyset = \Omega$ より, $1 = P(\Omega) = P(\Omega) + P(\emptyset)$ となる. よって $P(\emptyset) = 0$ である.

(3)　A と $B \setminus A$ は互いに排反で, $A \cup B = A \cup (B \setminus A)$ なので,

$$P(A \cup B) = P(A) + P(B \setminus A)$$

である．一方，$A \cap B$ と $B \setminus A$ は互いに排反で，$B = (A \cap B) \cup (B \setminus A)$ なので，

$$P(B) = P(A \cap B) + P(B \setminus A)$$

となる．この 2 つの式から与式が得られる．

　(4)　$A \subset B$ のときは，A と $B \setminus A$ は互いに排反で，$B = A \cup (B \setminus A)$ となる．よって，

$$P(B) = P(A) + P(B \setminus A) \geqq P(A)$$

である．　□

　例題 1　さいころ投げにおいて，事象 A，B，C をそれぞれ $A = \{2, 4, 6\}$，$B = \{4, 5, 6\}$，$C = \{1, 2\}$ とするとき，事象 $A \cap B$，$A \cup B$，B^c，$A \setminus C$，$A \cap B \cap C$ と，それらの起こる確率を求めよ．

　解　各事象は

$$A \cap B = \{4, 6\}, \quad A \cup B = \{2, 4, 5, 6\},$$
$$B^c = \{1, 2, 3\}, \quad A \setminus C = \{4, 6\}, \quad A \cap B \cap C = \emptyset$$

である．また，これらの事象の起こる確率は

$$P(A \cap B) = \frac{1}{3}, \quad P(A \cup B) = \frac{2}{3},$$
$$P(B^c) = \frac{1}{2}, \quad P(A \setminus C) = \frac{1}{3}, \quad P(A \cap B \cap C) = 0$$

である．　□

　問 1　さいころ投げにおいて，事象 A，B をそれぞれ $A = \{1, 3, 5\}$，$B = \{3, 6\}$ とするとき，事象 $A \cup B$，$A \cap B$，B^c，$A \setminus B$ と，それらの起こる確率を求めよ．

　問 2　甲，乙，丙の 3 人で 1 回じゃんけんをする．事象 A を「甲が勝つ」，B を「乙が負ける」とするとき，事象 A，$A \cap B$，B^c，$A \cup B$，$A \setminus B$ の起こる確率を求めよ．

　問 3　事象 A，B に対して，$P(A) = p$，$P(B) = q$，$P(A \cap B) = r$ とするとき，$P(A \cup B)$，$P(B^c)$，$P(A^c \cup B)$，$P(A^c \cap B^c)$ を p，q，r を用いて表せ．

1.1.3　条件付き確率と事象の独立性

　事象 A と B の間に何らかの関係がある場合，A が起こったことによって B の起こる確率が変わることがある．この状況を記述するには条件付き確率が必要になる．

■ **条件付き確率**　A と B は事象とする．簡単のため，有限個の標本点からなる標本空間 Ω を考え，どの標本点が起こることも同様に確からしいとする．

一般に事象 A は，互いに排反な 2 つの事象 $A \cap B$ と $A \setminus B$ の和事象として

$$A = (A \cap B) \cup (A \setminus B)$$

と表せる．この 2 つの事象の中で，B が起こるのは $A \cap B$ だけなので，事象 A が起こったことがわかっている場合は，事象 B は $A \cap B$ に属する標本点のどれかが起こるときに起こることになる．よって，A が起こったときの B の起こる確率を $P(B|A)$ で表せば，

$$P(B|A) = \frac{n(A \cap B)}{n(A)}$$

となる．ここで

$$P(A) = \frac{n(A)}{n(\Omega)}, \quad P(A \cap B) = \frac{n(A \cap B)}{n(\Omega)}$$

なので，

$$P(B|A) = \frac{P(A \cap B)}{P(A)}$$

とかける．以上の考察により，事象 A が起こったという条件のもとでの事象 B が起こる条件付き確率を次のように定義することの妥当性が理解できる．

$P(A) \neq 0$ である事象 A と B に対して，

$$P(B|A) = \frac{P(A \cap B)}{P(A)} \tag{1.1}$$

を A が起こったときに B が起こる**条件付き確率**という．この条件付き確率の定義から直ちに次の定理が導かれる．

● **定理 2 (確率の乗法定理)**　$P(A) \neq 0$ となる事象 A と B に対して

$$P(A \cap B) = P(A)P(B|A)$$

が成り立つ．

証明　(1.1) の両辺に $P(A)$ をかければよい．　□

定理 2 の左辺 $P(A \cap B)$ は，事象 A と B が同時に起こる確率である．一方，右辺の $P(A)$ は事象 A の起こる確率であり，$P(B|A)$ は事象 A が起こったときに事象 B が起こる確率である．すなわち，左辺は 2 つの事象 A と B を同時に扱っているのに対して，右辺は先に A，次に B というように順番を付けて扱っていると考えることができる．

■ **事象の独立性**　事象 A と B に対して

$$P(A \cap B) = P(A)P(B)$$

が成り立つとき，A と B は**独立**であるという．

●**定理3**　事象 A と B は $P(A) \neq 0$，$P(B) \neq 0$ を満たすとする．このとき，次の3つの条件は同値である．

(1)　A と B は独立，すなわち $P(A \cap B) = P(A)P(B)$．

(2)　$P(B|A) = P(B)$

(3)　$P(A|B) = P(A)$

　証明　定理2より，$P(A \cap B) = P(A)P(B|A)$ なので，(1) と (2) は同値である．また，定理2の式で A と B を入れ替えれば，$P(B \cap A) = P(B)P(A|B)$ となり，(1) と (3) も同値となる．　□

　定理3の (2) の式では，A が起こったときに B が起こる条件付き確率と，B が起こる確率が一致している．すなわち，事象 A と B の独立性は，事象 A が起こっても事象 B が起こる確率に何の影響も与えないことを意味している．

　例題2　3本の当たりが入った10本のくじがあり，甲，乙の順で1本ずつくじを引く．事象 A を「甲が当たりを引く」，事象 B を「乙が当たりを引く」とするとき，次の問いに答えよ．

(1)　甲が引いたくじを戻すとき，事象 A と B は独立であるか調べよ．

(2)　甲が引いたくじを戻さないとき，事象 A と B は独立であるか調べよ．

　解　10本のくじに1から10までの番号を振り，番号1，2，3のくじが当たりくじとする．このとき，甲，乙の順でくじを引くので，例えば，甲が引いたくじの番号が7，乙の引いたくじの番号が2であることを，$(7,2)$ で表すことにする．

　(1)　くじを戻すときは，くじの引き方は $(1,1)$ から $(10,10)$ までの100通りあり，これらは同様に確からしく起こると考えられる．その中で，事象 A が起こるのは，(i,j) $(i = 1,2,3; j = 1,2,\cdots,10)$ の30通り，事象 B が起こるのは，(i,j) $(i = 1,2,\cdots,10; j = 1,2,3)$ の30通り，事象 $A \cap B$ が起こる，すなわち，甲も乙も当たるのは，

$$(1,1),\ (1,2),\ (1,3),\ (2,1),\ (2,2),\ (2,3),\ (3,1),\ (3,2),\ (3,3)$$

の9通りとなる．よって，

$$P(A) = P(B) = \frac{30}{100} = \frac{3}{10},$$

$$P(A \cap B) = \frac{9}{100}$$

である．ゆえに，

$$P(A \cap B) = P(A)P(B)$$

となり，A と B は独立である．

(2)　くじを戻さないときは，$(1,1)$ から $(10,10)$ の 100 通りの中で，

$$(1,1), (2,2), (3,3), (4,4), (5,5), (6,6), (7,7), (8,8), (9,9), (10,10)$$

の 10 通りは起こらないので，くじの引き方は $100 - 10 = 90$ 通りとなり，これらは同様に確からしく起こると考えられる．その中で，事象 A が起こるのは，(i,j) $(i = 1,2,3; j = 1,2,\cdots,10)$ から $(1,1)$，$(2,2)$，$(3,3)$ を除いた 27 通り，事象 B が起こるのは，(i,j) $(i = 1,2,\cdots,10; j = 1,2,3)$ から $(1,1)$，$(2,2)$，$(3,3)$ を除いた 27 通り，事象 $A \cap B$ が起こるのは，

$$(1,2), (1,3), (2,1), (2,3), (3,1), (3,2)$$

の 6 通りである．よって，

$$P(A) = P(B) = \frac{27}{90} = \frac{3}{10},$$

$$P(A \cap B) = \frac{6}{90} = \frac{1}{15}$$

なので，

$$P(A \cap B) \neq P(A)P(B)$$

となる．ゆえに，A と B は独立でない．　□

問 4　赤玉が 15 個，白玉が 10 個入った箱の中から，甲，乙が順番に 1 個ずつ玉を取る．事象 A を「甲が赤玉を取る」，事象 B を「乙が白玉を取る」とするとき，$P(A)$，$P(B)$，$P(B|A)$，$P(A|B)$ を求め，事象 A と B が独立であるか調べよ．ただし，甲が取った玉は箱に戻さないとする．

問 5　52 枚のトランプから 1 枚のカードを引く．事象 A を「ハートを引く」，事象 B を「エースを引く」，事象 C を「スペードを引く」とするとき，$P(A)$，$P(A|B)$，$P(A|C)$ を求めよ．また，事象 A と B，事象 A と C が独立であるか調べよ．

問 6　甲，乙，丙の 3 人で 1 回じゃんけんをする．事象 A を「甲が勝つ」，事象 B を「乙が勝つ」とするとき，事象 A と B が独立であるか調べよ．

1.1.4 ベイズの定理

ここでは，条件付き確率の有用性を示す 2 つの等式を紹介する．

●**定理 4** 事象 A_1, A_2, $\cdots$, A_n は互いに排反で，$B \subset A_1 \cup A_2 \cup \cdots \cup A_n$ とする．このとき，

$$P(B) = \sum_{i=1}^{n} P(A_i)P(B|A_i)$$

が成り立つ．特に，任意の事象 A と B に対して，

$$P(B) = P(A)P(B|A) + P(A^c)P(B|A^c)$$

となる．

証明 事象 B は互いに排反な n 個の事象の和事象として，

$$B = \bigcup_{i=1}^{n}(A_i \cap B)$$

と表せるので，確率の加法性と定理 2 より，

$$P(B) = \sum_{i=1}^{n} P(A_i \cap B) = \sum_{i=1}^{n} P(A_i)P(B|A_i)$$

となる．特に，$n = 2$，$A_1 = A$，$A_2 = A^c$ とすれば

$$P(B) = P(A)P(B|A) + P(A^c)P(B|A^c)$$

を得る．□

例題 3 例題 2 の (2) において，事象 B の起こる確率を定理 4 を用いて求めよ．

解 例題 2 では，事象 B の起こる確率を標本点までさかのぼって求めたが，この例題では，定理 4 から得られる公式

$$P(B) = P(A)P(B|A) + P(A^c)P(B|A^c)$$

を用いて計算する．

最初に甲がくじを引くとき，10 本のくじの中に当たりが 3 本あるので，甲が当たりを引く事象 A の起こる確率は $P(A) = \dfrac{3}{10}$ である．よって，$P(A^c) = 1 - P(A) = \dfrac{7}{10}$ となる．次に，$P(B|A)$ は甲が当たったときに乙が当たる確率である．甲は引いたくじを戻さないので，乙が引く時点のくじの数は 9 本で，その中に当たりは 2 本しかない．よって，$P(B|A) = \dfrac{2}{9}$ となる．同様に考えれ

ば，$P(B|A^c) = \dfrac{3}{9}$ である．ゆえに，

$$P(B) = \frac{3}{10} \times \frac{2}{9} + \frac{7}{10} \times \frac{3}{9} = \frac{3}{10}$$

となる．このように条件付き確率を用いれば，2 番目に引く乙が当たる確率を簡単に計算できる．　□

問7　問 4 において，事象 B の起こる確率を定理 4 を用いて求めよ．

●**定理 5 (ベイズの定理)**　事象 A_1, A_2, $\cdots$, A_n は互いに排反で，$B \subset A_1 \cup A_2 \cup \cdots \cup A_n$ とする．このとき，任意の $1 \leqq k \leqq n$ に対して

$$P(A_k|B) = \frac{P(A_k)P(B|A_k)}{\displaystyle\sum_{i=1}^{n} P(A_i)P(B|A_i)}$$

が成り立つ．

証明　定理 2 より

$$P(B)P(A_k|B) = P(A_k \cap B) = P(A_k)P(B|A_k)$$

である．よって，定理 4 より示すべき式が得られる．　□

ベイズの定理において，事象 A_1, A_2, $\cdots$, A_n を事象 B が起こる原因であると考えると，左辺は実際に B が起こったときに，その原因が A_k である確率を与えている．一方，右辺は原因が A_i $(i = 1, 2, \cdots, n)$ のときに結果 B が起こる確率 $P(B|A_i)$ を用いて計算できる．すなわち，ベイズの定理は，原因 A_i から結果 B が引き起こされる確率をすべて用いて，結果 B を引き起こした原因が A_k である確率を逆算する際に役に立つ．

例題 4　ある電機メーカーでは，冷蔵庫の部品を A 社，B 社，C 社の 3 つの会社からそれぞれ 20%，30%，50% の割合で仕入れているが，この部品の不良率はそれぞれ 4%，3%，1% である．仕入れた部品の中から無作為に 1 つ取り出したとき，それが不良品であった．この不良品が A 社のものである確率を求めよ．

解　事象 A を「取り出した部品が A 社のもの」，事象 B を「取り出した部品が B 社のもの」，事象 C を「取り出した部品が C 社のもの」とする．また，事象 D を「取り出した部品が不良品」とする．このとき，求める確率は $P(A|D)$ なので，ベイズの定理より，

$$P(A|D) = \frac{P(A)P(D|A)}{P(A)P(D|A) + P(B)P(D|B) + P(C)P(D|C)}$$

$$= \frac{0.2 \times 0.04}{0.2 \times 0.04 + 0.3 \times 0.03 + 0.5 \times 0.01}$$

$$= \frac{4}{11}$$

となる. □

問 8　ある自動車メーカーでは，エンジンの部品を A 社，B 社，C 社の 3 つの会社からそれぞれ 30%，30%，40%の割合で仕入れているが，この部品の不良率はそれぞれ 2%，3%，2%である．仕入れた部品の中から無作為に 1 つ取り出したとき，それが不良品であった．この不良品が C 社のものである確率を求めよ．

問 9　あるサッカーチームの戦績を調べたところ，同点の試合が 2 割，1 点差の試合が 6 割，2 点以上差がついた試合が 2 割であった．また，1 点差の試合で勝った割合は 3 割，2 点以上差がついた試合で勝った割合は 8 割であった．このチームが勝利した試合のうち 1 点差の試合の割合を求めよ．

─────────────── **問題1.1** ───────────────

1.　次の問いに答えよ．

(1)　1 から 5 までの 5 つの数字をすべて使ってできる 5 桁の自然数はいくつあるか．

(2)　1 から 9 までの数字の中から異なる 5 つを使ってできる 5 桁の自然数はいくつあるか．

(3)　0 から 6 までの数字の中から異なる 5 つを使ってできる 5 桁の自然数はいくつあるか．

(4)　1, 1, 1, 2, 2, 3, 3 の 7 つの数字を並べてできる 7 桁の自然数はいくつあるか．

(5)　1, 1, 2, 2, 3, 4, 5 の 7 つの数字を並べてできる 7 桁の自然数のうち，同じ数字が隣り合わない自然数はいくつあるか．

2.　次の問いに答えよ．

(1)　1 から 5 までの数字から，重複を許して 3 個選んでできる 3 桁の自然数はいくつあるか．

(2)　4 人でじゃんけんをするとき，手の出し方は何通りあるか．

3.　次の問いに答えよ．

(1)　30 人のクラスの中から，学級委員を 2 人選ぶ選び方は何通りあるか．

(2)　正八角形の対角線は何本あるか．

(3)　12 人のグループを，3 つの 4 人グループに分ける分け方は何通りあるか．

(4)　$a + b + c = 30$ を満たす自然数 a, b, c の組合せは何通りあるか．

4. 次の文字を含む項の係数を求めよ.

(1) $(a+b)^8$ の展開式における a^4b^4.

(2) $(2a+3b)^5$ の展開式における a^3b^2.

(3) $(a+b+2c)^6$ の展開式における $a^2b^2c^2$.

5. さいころ投げにおいて, 事象 A, B をそれぞれ $A=\{1,2,3\}$, $B=\{3,4,5\}$ とするとき, 事象 $A\cup B$, $A\cap B$, A^c, $A\setminus B$ と, それらの起こる確率を求めよ.

6. 大小 2 つのさいころを投げるとき, 事象 A を「少なくとも 1 つ 1 の目が出る」, 事象 B を「偶数の目が出ない」, 事象 C を「少なくとも 1 つ 4 以上の目が出る」とするとき, 事象 $A\cap B$, $A\setminus B$, $A\cap C^c$ を求めよ.

7. 2 つのさいころを投げ, 出る目の積を p とする. 事象 A を「p が奇数」, 事象 B を「p が素数」とするとき, 事象 A, B, $A\cap B$, $A\cup B$ が起こる確率を求めよ.

8. (P3) と (P3*) が同値であることを示せ.

9. 白玉 5 個, 赤玉 5 個, 黒玉 5 個が入った箱から, 甲, 乙が順番に 1 個ずつ玉を取る. 事象 A を「甲が赤玉を取る」, 事象 B を「乙が黒玉を取る」とするとき, $P(B)$ と $P(B|A)$ を求め, 事象 A と B が独立であるか答えよ. ただし, 甲が取った玉は箱に戻さないとする.

10. 2 つの箱 X と Y がある. X には赤玉 21 個と白玉 14 個が入っており, Y には赤玉 15 個と白玉 10 個が入っている. 硬貨を 1 枚投げ, 表が出た場合は X から玉を 1 つ取り, 裏が出た場合は Y から玉を 1 つ取る. 事象 A を「硬貨を投げたときに表が出る」, 事象 B を「赤玉を取り出す」とするとき, $P(B)$, $P(B|A)$ を求め, 事象 A と B が独立であるか答えよ.

11. 3 人でじゃんけんをする. 事象 A を「あいこになる」, 事象 B を「少なくとも一人がグーを出す」とするとき, 事象 A と B が独立であるか答えよ.

12. 両面が赤のカード, 両面が白のカード, 片面が赤でもう片面が白のカードの 3 枚のカードが袋に入っている. この袋から 1 枚取り出して, 見えている面が赤であるとき, その裏面が白である確率を求めよ.

13. ある野球チームには 3 人の先発投手 A, B, C がおり, それぞれ 50%, 30%, 20% の割合で先発を任されている. また, 各投手が先発したときの勝率はそれぞれ 60%, 50%, 40% である. ある勝ち試合において, その先発投手が B である確率を求めよ.

14. ある大学には 4 人の数学教員 A, B, C, D がおり, それぞれが担当している学生の割合は 30%, 35%, 25%, 10%, 担当した学生の試験の合格率は 40%, 20%, 20%, 60% であった. 試験に合格した学生のうち, B と D の担当した学生の割合をそれぞれ求めよ.

1.2　確 率 分 布

　この節では，事象を数量化して取り扱う際に用いられる確率変数と，確率変数が定める確率分布について学ぶ.

1.2.1　確率変数と確率分布

　試行の結果によってとる値が定まる量 X を考える. 任意の実数 $a < b$ に対して，$X = a$ となる確率 $P(X = a)$，$a \leqq X \leqq b$ となる確率 $P(a \leqq X \leqq b)$，$X > a$ となる確率 $P(X > a)$ などの X に関連する事象の確率が計算できるとき，この X を**確率変数**という.

　■ **離散型確率変数**　さいころを投げる試行において，出る目を X とすると，X のとりうる値は 1, 2, $\cdots$, 6 で，それぞれの目が出る確率は $\dfrac{1}{6}$ である. よって，確率の加法性より，

$$P(1 \leqq X \leqq 3) = P(X = 1) + P(X = 2) + P(X = 3) = \frac{1}{2},$$
$$P(X > 4) = P(X = 5) + P(X = 6) = \frac{1}{3}$$

なども計算できるので，X は確率変数である. このようにとびとびの値をとる確率変数を**離散型**という.

　離散型確率変数 X のとりうる値が x_1, x_2, $\cdots$, x_n のとき，$X = x_i$ となる確率 $P(X = x_i)$ を p_i で表す. このとき，

$$0 \leqq p_i \leqq 1 \ \ (i = 1, 2, \cdots, n), \qquad \sum_{i=1}^{n} p_i = 1$$

が成り立つ. また，確率変数のとりうる値とその確率との対応関係を**確率分布**，それを表にしたものを**確率分布表**という.

表 1.1　確率分布表

X	x_1	$\cdots$	x_i	$\cdots$	x_n	計
確率	p_1	$\cdots$	p_i	$\cdots$	p_n	1

　確率変数 X に対して，

$$F(x) = P(X \leqq x)$$

を X の**分布関数**という. 分布関数 $F(x)$ は右連続な単調増加関数であり，

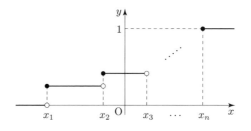

図 1.1 分 布 関 数

$$p_1 = F(x_1), \quad p_i = F(x_i) - F(x_{i-1}) \quad (i = 2, 3, \cdots, n),$$

$$\lim_{x \to -\infty} F(x) = 0, \quad \lim_{x \to \infty} F(x) = 1 \tag{1.2}$$

を満たす (図 1.1).

例題 5 2枚の硬貨を同時に投げるとき, 表の出る枚数 X の確率分布と分布関数を求めよ.

解 2枚の硬貨を投げるとき, 表と裏の出方は

$$(表, 表), \ (表, 裏), \ (裏, 表), \ (裏, 裏)$$

の 4 通りである. 確率はすべて $\dfrac{1}{4}$ なので, 確率分布は次のようになる.

X	0	1	2	計
確率	$\dfrac{1}{4}$	$\dfrac{2}{4}$	$\dfrac{1}{4}$	1

X の分布関数 $F(x) = P(X \leqq x)$ は, 変数 x の範囲で場合分けして求める.

- $x < 0$ のとき, $F(x) = 0$.
- $0 \leqq x < 1$ のとき, $F(x) = P(X = 0) = 1/4$.
- $1 \leqq x < 2$ のとき, $F(x) = P(X = 0) + P(X = 1) = 3/4$.
- $x \geqq 2$ のとき, $F(x) = P(X = 0) + P(X = 1) + P(X = 2) = 1$.

よって,

$$F(x) = \begin{cases} 0 & (x < 0) \\ \dfrac{1}{4} & (0 \leqq x < 1) \\ \dfrac{3}{4} & (1 \leqq x < 2) \\ 1 & (x \geqq 2) \end{cases}$$

となる.　□

　問 10　次の確率変数 X の確率分布と分布関数を求めよ.

　(1)　1 枚の硬貨を投げて，表ならば右へ 2，裏ならば左へ 1 進む数直線上の点がある．この点が原点から出発するとき，硬貨を 3 回投げた後の点の位置 X.

　(2)　1 から 6 までの番号を付けた 6 枚のカードがある．この中から同時に 3 枚のカードを引くとき，引いた 3 枚のカードの中で最も大きい番号 X.

　■ **連続型確率変数**　直線状の針金の温度や液体に溶けた物質の濃度のように，とりうる値が連続的に変化する確率変数 X を考える．任意の実数 a, b $(a \leqq b)$ に対して，

$$P(a \leqq X \leqq b) = \int_a^b p(x)\, dx \tag{1.3}$$

を満たす関数 $p(x)$ が存在するとき，X を**連続型**，$p(x)$ を X の**確率密度関数**という．確率密度関数は，

$$p(x) \geqq 0, \qquad \int_{-\infty}^{\infty} p(x)\, dx = 1$$

を満たす．また，確率 $P(a \leqq X \leqq b)$ は図 1.2 の塗りつぶした部分の面積を表している．

　確率変数 X が連続型であれば，(1.3) より，任意の実数 a に対して

$$P(X = a) = 0$$

となる．それゆえ，

$$P(a < X < b) = P(a < X \leqq b) = P(a \leqq X < b) = P(a \leqq X \leqq b)$$

が成り立つ．また，有限個の点で確率密度関数の値を変更しても，(1.3) を用いた確率の計算には影響がない.

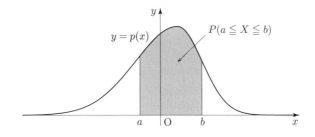

図 1.2　連続型確率変数の確率密度関数

離散型確率変数と同様に，$F(x) = P(X \leqq x)$ を X の**分布関数**という．このとき，$F(x)$ は連続な単調増加関数で，(1.2) を満たす．また，

$$p(x) = \frac{dF}{dx}(x)$$

が成り立つ．

例題 6 a, b は定数で $a < b$ を満たすとする．確率変数 X の確率密度関数が

$$p(x) = \begin{cases} \dfrac{1}{b-a} & (a \leqq x \leqq b) \\ 0 & (\text{その他}) \end{cases}$$

のとき，X は区間 $[a, b]$ 上の**一様分布**に従うという．このとき，X の分布関数と $P(X \geqq (a+b)/2)$ を求めよ．

解 確率密度関数が場合分けして定義されているので，分布関数

$$F(x) = P(X \leqq x) = \int_{-\infty}^{x} p(t)\, dt$$

の計算も場合分けして行う．

- $x < a$ のとき，$F(x) = \displaystyle\int_{-\infty}^{x} 0\, dt = 0$.

- $a \leqq x < b$ のとき，$F(x) = \displaystyle\int_{-\infty}^{a} 0\, dt + \int_{a}^{x} \frac{dt}{b-a} = \frac{x-a}{b-a}$.

- $x \geqq b$ のとき，$F(x) = \displaystyle\int_{-\infty}^{a} 0\, dt + \int_{a}^{b} \frac{dt}{b-a} + \int_{b}^{\infty} 0\, dt = 1$.

よって

$$F(x) = \begin{cases} 0 & (x < a) \\ \dfrac{x-a}{b-a} & (a \leqq x < b) \\ 1 & (x \geqq b) \end{cases}$$

となる．また，

$$P\left(X \geqq \frac{a+b}{2}\right) = 1 - P\left(X < \frac{a+b}{2}\right) = 1 - F\left(\frac{a+b}{2}\right) = \frac{1}{2}$$

である．　□

問 11 確率変数 X が次の確率密度関数をもつとき，定数 $a > 0$ の値と X の分布関数を求めよ．また，$P(X \geqq 1)$ を求めよ．

(1) $p(x) = \begin{cases} ax(2-x) & (0 \leqq x \leqq 2) \\ 0 & (\text{その他}) \end{cases}$　(2) $p(x) = \begin{cases} e^{-ax} & (x \geqq 0) \\ 0 & (x < 0) \end{cases}$

1.2.2 期待値と分散

確率変数の期待値と分散を，離散型と連続型の場合に分けて定義する．

■ **期待値** 離散型確率変数 X の確率分布が $p_i = P(X = x_i)\ (i = 1, 2, \cdots, n)$ のとき，

$$E[X] = \sum_{i=1}^{n} x_i p_i$$

を X の**期待値**または**平均**という．期待値は，1 回の試行で X がとりうる値の平均値を表している．また，関数 $\varphi(x)$ に対して $\varphi(X)$ も確率変数となるので，確率変数 $\varphi(X)$ の期待値を

$$E[\varphi(X)] = \sum_{i=1}^{n} \varphi(x_i) p_i$$

で定める．

連続型確率変数 X が確率密度関数 $p(x)$ をもつとき，X と $\varphi(X)$ の期待値を，それぞれ

$$E[X] = \int_{-\infty}^{\infty} x p(x)\, dx, \quad E[\varphi(X)] = \int_{-\infty}^{\infty} \varphi(x) p(x)\, dx$$

で定める．

期待値の定義より次の定理が得られる．

● **定理 6** X は確率変数，$a_i\ (i = 0, 1, \cdots, n)$，$a$, b は定数とする．

(1) $E[aX + b] = aE[X] + b$

(2) $E[a_0 X^n + a_1 X^{n-1} + \cdots + a_{n-1} X + a_n]$
$\qquad = a_0 E[X^n] + a_1 E[X^{n-1}] + \cdots + a_{n-1} E[X] + a_n$

証明 (1) だけ示す．離散型でも同様にして示せるので，X は連続型とする．このとき，

$$\begin{aligned}
E[aX + b] &= \int_{-\infty}^{\infty} (ax + b) p(x)\, dx \\
&= a \int_{-\infty}^{\infty} x p(x)\, dx + b \int_{-\infty}^{\infty} p(x)\, dx \\
&= aE[X] + b
\end{aligned}$$

となる． □

例題 7 次の確率変数 X について，X と $X^2 - 2X$ の期待値を求めよ．

(1) 3 枚の硬貨を同時に投げるとき，表の出る枚数 X．

(2) $p(x) = \begin{cases} 2x & (0 \leqq x \leqq 1) \\ 0 & (その他) \end{cases}$ を確率密度関数にもつ X.

解 (1) X の確率分布は

X	0	1	2	3	計
確率	$\frac{1}{8}$	$\frac{3}{8}$	$\frac{3}{8}$	$\frac{1}{8}$	1

なので,

$$E[X] = 0 \times \frac{1}{8} + 1 \times \frac{3}{8} + 2 \times \frac{3}{8} + 3 \times \frac{1}{8} = \frac{3}{2},$$

$$E[X^2] = 0^2 \times \frac{1}{8} + 1^2 \times \frac{3}{8} + 2^2 \times \frac{3}{8} + 3^2 \times \frac{1}{8} = 3$$

となる. よって, $E[X^2 - 2X] = E[X^2] - 2E[X] = 3 - 2 \times \frac{3}{2} = 0$ である.

(2) 確率密度関数 $p(x)$ を用いて計算すると,

$$E[X] = \int_{-\infty}^{\infty} xp(x)\,dx = \int_0^1 2x^2\,dx = \left[\frac{2x^3}{3}\right]_0^1 = \frac{2}{3},$$

$$E[X^2] = \int_{-\infty}^{\infty} x^2 p(x)\,dx = \int_0^1 2x^3\,dx = \left[\frac{x^4}{2}\right]_0^1 = \frac{1}{2}$$

なので, $E[X^2 - 2X] = E[X^2] - 2E[X] = \frac{1}{2} - 2 \times \frac{2}{3} = -\frac{5}{6}$ である. □

問 12 次の確率変数 X について, X と $X - 2X^2$ の期待値を求めよ.

(1) 2 個のさいころを同時に投げるとき, 出る目の和を 3 で割った余り X.

(2) $p(x) = \begin{cases} \dfrac{3}{8}x^2 & (-2 \leqq x \leqq 0) \\ 0 & (その他) \end{cases}$ を確率密度関数にもつ X.

■ **分散と標準偏差** 確率変数 X に対して,

$$V[X] = E\big[(X - E[X])^2\big], \quad \sigma[X] = \sqrt{V[X]}$$

をそれぞれ X の**分散**, **標準偏差**という. これらは, X のとりうる値が期待値のまわりにどの程度ばらついているかを表す尺度として利用される. 確率変数の分散と標準偏差は次の性質を満たす.

●**定理7** X は確率変数, a, b は定数とする.

(1) $V[X] = E[X^2] - E[X]^2$ (分散の計算の簡便公式)

(2) $V[aX + b] = a^2 V[X]$, $\sigma[aX + b] = |a|\sigma[X]$

証明 (1) $(X - E[X])^2 = X^2 - 2E[X]X + E[X]^2$ なので，定理 6 の (2) より，$V[X] = E[X^2] - 2E[X]E[X] + E[X]^2 = E[X^2] - E[X]^2$ となる．

(2) (1) と定理 6 の (2) より，

$$V[aX + b] = E[(aX + b)^2] - E[aX + b]^2$$
$$= E[a^2X^2 + 2abX + b^2] - (aE[X] + b)^2$$
$$= a^2(E[X^2] - E[X]^2) = a^2V[X]$$

である．両辺の正の平方根をとれば，$\sigma[aX + b] = |a|\sigma[X]$ が得られる．□

例題 8 次の確率変数 X の期待値と分散を求めよ．

(1) 1 個のさいころを投げるときの出る目の数 X．

(2) 区間 $[a, b]$ 上の一様分布 X．

解 (1) X の確率分布は

X	1	2	3	4	5	6	計
確率	$\frac{1}{6}$	$\frac{1}{6}$	$\frac{1}{6}$	$\frac{1}{6}$	$\frac{1}{6}$	$\frac{1}{6}$	1

なので，

$$E[X] = 1 \times \frac{1}{6} + 2 \times \frac{1}{6} + 3 \times \frac{1}{6} + 4 \times \frac{1}{6} + 5 \times \frac{1}{6} + 6 \times \frac{1}{6} = \frac{7}{2},$$

$$E[X^2] = 1^2 \times \frac{1}{6} + 2^2 \times \frac{1}{6} + 3^2 \times \frac{1}{6} + 4^2 \times \frac{1}{6} + 5^2 \times \frac{1}{6} + 6^2 \times \frac{1}{6} = \frac{91}{6}$$

となる．よって，$V[X] = E[X^2] - E[X]^2 = \frac{91}{6} - \left(\frac{7}{2}\right)^2 = \frac{35}{12}$ である．

(2) 例題 6 より

$$E[X] = \int_{-\infty}^{\infty} xp(x)\, dx = \int_a^b \frac{x}{b-a}\, dx = \frac{1}{b-a}\left[\frac{x^2}{2}\right]_a^b = \frac{a+b}{2},$$

$$E[X^2] = \int_{-\infty}^{\infty} x^2 p(x)\, dx = \int_a^b \frac{x^2}{b-a}\, dx = \frac{1}{b-a}\left[\frac{x^3}{3}\right]_a^b = \frac{a^2 + ab + b^2}{3}$$

なので，$V[X] = E[X^2] - E[X]^2 = \frac{a^2 + ab + b^2}{3} - \left(\frac{a+b}{2}\right)^2 = \frac{(b-a)^2}{12}$ である．□

問 13 次の確率変数 X の期待値と分散を求めよ．

(1) 2 個のさいころを同時に投げるとき，出る目の和を 4 で割った余り X．

(2) $p(x) = \begin{cases} 3e^{-3x} & (x \geqq 0) \\ 0 & (x < 0) \end{cases}$ を確率密度関数にもつ X.

■ **確率変数の標準化** どんな確率変数 X に対しても,

$$Z = \frac{X - E[X]}{\sigma[X]}$$

とおけば, 定理 6 の (1) と定理 7 の (2) より, $E[Z] = 0,\ V[Z] = 1$ となる. この X から Z への変形を**確率変数の標準化**, Z を**標準化された確率変数**という. この標準化により, 確率変数の平均と分散をそれぞれ 0 と 1 にそろえることができる.

1.2.3 重要な確率分布

以下では応用上重要な確率分布として, 二項分布, ポアソン分布, 正規分布について述べる.

■ **二項分布** $0 < p < 1$ とする. 確率変数 X の確率分布が

$$P(X = i) = {}_n\mathrm{C}_i\, p^i (1 - p)^{n-i} \quad (i = 0, 1, \cdots, n)$$

のとき, X は**二項分布** $B(n, p)$ に従うという. さいころ投げを繰り返したときに 1 の目が出る回数のように, 反復試行により得られる離散型の確率変数の確率分布を一般化したものが二項分布である.

二項分布の期待値と分散は次のようになる. (証明は付録 A.1 をみよ.)

●**定理 8** X が二項分布 $B(n, p)$ に従うとき, $E[X] = np,\ V[X] = npq$ である. ただし, $q = 1 - p$ である.

例題 9 的中率 $0.7\left(= \dfrac{3}{4}\right)$ の弓道選手が 10 射したとき, 次の確率を求めよ.
(1) 8 射以上的中する. (2) 7 射以下しか的中しない.

解 10 射したときの的中回数を X とすると, X は $B\left(10, \dfrac{3}{4}\right)$ に従う.
(1) 確率の加法性より,

$$P(X \geqq 8) = P(X = 8) + P(X = 9) + P(X = 10)$$
$$= {}_{10}\mathrm{C}_8 \left(\frac{3}{4}\right)^8 \left(\frac{1}{4}\right)^2 + {}_{10}\mathrm{C}_9 \left(\frac{3}{4}\right)^9 \left(\frac{1}{4}\right) + {}_{10}\mathrm{C}_{10} \left(\frac{3}{4}\right)^{10}$$

$$= \frac{45 \times 3^8 + 10 \times 3^9 + 3^{10}}{4^{10}} = 7 \times \left(\frac{3}{4}\right)^9 = 0.53.$$

(2) 余事象の確率の公式と (1) の結果より,

$$P(X \leqq 7) = 1 - P(X > 7) = 1 - P(X \geqq 8)$$

$$= 1 - 7 \times \left(\frac{3}{4}\right)^9 = 0.47. \qquad \square$$

問 14 1 枚の硬貨と 1 個のさいころを同時に 3 回投げるとき, 硬貨の表が出る回数を X, さいころの目が 3 の倍数である回数を Y とするとき, 次を示せ.
(1) X, Y は二項分布に従う. (2) $X + Y$ は二項分布に従わない.

■ **ポアソン分布** 二項分布 $B(n, p)$ において, その期待値 np を一定値 $\lambda > 0$ に保ったまま $n \to \infty$ とした極限の分布をポアソン分布という. 以下では, まずこの極限分布の式を求めてみよう. $p = \dfrac{\lambda}{n}$ を二項分布の定義式に代入すると,

$$\begin{aligned}
{}_n\mathrm{C}_i\, p^i (1-p)^{n-i} &= \frac{n!}{(n-i)!\, i!} \left(\frac{\lambda}{n}\right)^i \left(1 - \frac{\lambda}{n}\right)^{n-i} \\
&= \frac{\lambda^i}{i!} \frac{n!}{(n-i)!\, n^i} \left(1 - \frac{\lambda}{n}\right)^{-i} \left(1 - \frac{\lambda}{n}\right)^n
\end{aligned}$$

となる. ここで, $n \to \infty$ のとき,

$$\frac{n!}{(n-i)!\, n^i} = \left(1 - \frac{1}{n}\right)\left(1 - \frac{2}{n}\right) \cdots \left(1 - \frac{i-1}{n}\right) \to 1,$$

$$\left(1 - \frac{\lambda}{n}\right)^{-i} \to 1,$$

$$\left(1 - \frac{\lambda}{n}\right)^n = \left\{ \left(1 - \frac{\lambda}{n}\right)^{-\frac{n}{\lambda}} \right\}^{-\lambda} \to e^{-\lambda}$$

なので,

$$\lim_{n \to \infty} {}_n\mathrm{C}_i\, p^i (1-p)^{n-i} = e^{-\lambda} \frac{\lambda^i}{i!}$$

が得られる.

一般に, 定数 $\lambda > 0$ に対して, 確率変数 X の確率分布が

$$P(X = i) = e^{-\lambda} \frac{\lambda^i}{i!} \quad (i = 0, 1, \cdots)$$

のとき, X はパラメータ λ の**ポアソン分布**に従うという. ポアソン分布の期待値と分散は次のようになる. (証明は付録 A.1 をみよ.)

●**定理 9** X がパラメータ λ のポアソン分布に従うとき, $E[X] = V[X] = \lambda$ である.

ポアソン分布は, 液晶ディスプレイの欠陥ドット数, 一定地域内の交通死亡事故者数, 一定時間内の電話の受信回数など, 比較的まれにしか起こらない現象の発生回数が従う分布のモデルとして利用される. 例えば, 単位時間内にかかってくる電話の平均回数が λ 回だとしよう. 十分大きな n で単位時間を n 等分すると, 各小区間内に電話がかかってくるのは高々 1 回としてよい. このとき, 各小区間に電話がかかってくる確率は平均的に $p = \dfrac{\lambda}{n}$ となる. よって, 単位時間内に電話がかかってくる回数 X は二項分布 $B(n, p)$ に従い, パラメータ λ のポアソン分布で近似できる. 以上の議論をまとめれば次のようになる.

■ **二項分布のポアソン近似** X が二項分布 $B(n, p)$ に従うとき, n が大きく, p が小さければ, X はパラメータ np のポアソン分布に従うとしてよい.

一般に, n が大きな場合, 組合せの数 $_n\mathrm{C}_i$ を計算するのは困難なので, このような近似を用いて, 二項分布に関する確率の計算を行うことが多い. (二項分布の正規近似の項もみよ.)

例題 10 ある工場で生産される部品の不良率は 1%である. この工場で生産された部品の中から無作為に 200 個選んで箱詰めしたとき, その箱の中に不良品が 3 個以上含まれる確率を二項分布のポアソン近似を用いて求めよ.

解 箱詰めされた 200 個の部品に含まれる不良品の個数を X とすると, X は二項分布 $B(200, 0.01)$ に従う. よって, 二項分布のポアソン近似より, X はパラメータ $\lambda = 200 \times 0.01 = 2$ のポアソン分布に従うとしてよい. ゆえに,

$$P(X \geqq 3) = 1 - \{P(X = 0) + P(X = 1) + P(X = 2)\}$$
$$= 1 - e^{-2}\left(\frac{2^0}{0!} + \frac{2^1}{1!} + \frac{2^2}{2!}\right)$$
$$= 1 - 5e^{-2}$$

となる. □

問 15 1 日の降水量が 100 mm 以上となる日数が 6 年間で 1 日のとき, 来年 1 年間に降水量が 100 mm 以上の日数が次のようになる確率を二項分布のポアソン近似を用いて求めよ.

(1) 0 日　　(2) 2 日以上

■ **正規分布**　自然界や社会活動において出現する様々な確率的現象をモデル化する際によく用いられる正規分布について述べる．定数 μ と定数 $\sigma > 0$ に対して，連続型確率変数 X の確率密度関数が

$$p(x) = \frac{1}{\sqrt{2\pi}\sigma} e^{-\frac{(x-\mu)^2}{2\sigma^2}}$$

のとき，X は**正規分布** $N(\mu, \sigma^2)$ に従うという．

正規分布の確率密度関数のグラフは，直線 $x = \mu$ に関して対称な山型の形状をしている．また，

$$p'(x) = -\frac{x-\mu}{\sqrt{2\pi}\sigma^3} e^{-\frac{(x-\mu)^2}{2\sigma^2}}, \quad p''(x) = \frac{(x-\mu)^2 - \sigma^2}{\sqrt{2\pi}\sigma^5} e^{-\frac{(x-\mu)^2}{2\sigma^2}}$$

なので，増減表は次のようになる．

x	$\cdots$	$\mu - \sigma$	$\cdots$	μ	$\cdots$	$\mu + \sigma$	$\cdots$
$p'(x)$	$+$	$+$	$+$	0	$-$	$-$	$-$
$p''(x)$	$+$	0	$-$	$-$	$-$	0	$+$
$p(x)$	⤴	$\frac{1}{\sqrt{2\pi e}\sigma}$	⤴	$\frac{1}{\sqrt{2\pi}\sigma}$	⤵	$\frac{1}{\sqrt{2\pi e}\sigma}$	⤵

よって，$p(x)$ は $x = \mu$ のとき最大値 $\dfrac{1}{\sqrt{2\pi}\sigma}$ をとり，そのグラフは区間 $(-\infty, \mu - \sigma)$ と $(\mu + \sigma, \infty)$ で下に凸，$(\mu - \sigma, \mu + \sigma)$ で上に凸となる（図 1.3）．また，σ の値の大小によりグラフの形状は変化し，σ の値が小さいほど，山の高さが高く，すそ野が狭まる．一方，σ の値が大きくなるにつれて，高さが低く，すそ野が広がる（図 1.4）．

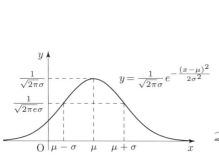

図 1.3　正規分布の確率密度関数

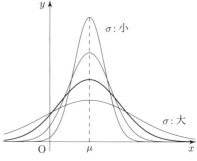

図 1.4　正規分布の確率密度関数の比較

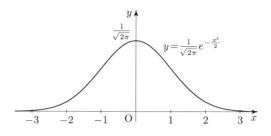

図 1.5　標準正規分布の確率密度関数

　特に，$\mu = 0$，$\sigma = 1$ のとき，$N(0,1)$ を**標準正規分布**といい，その確率密度関数は

$$p(x) = \frac{1}{\sqrt{2\pi}} e^{-\frac{x^2}{2}}$$

である (図 1.5).

　正規分布の期待値と分散は次のようになる．(証明は付録 A.1 をみよ.)

● **定理 10**　X が正規分布 $N(\mu, \sigma^2)$ に従うとき，$E[X] = \mu$，$V[X] = \sigma^2$ である．

■ **正規分布の標準化**　確率変数 X が $N(\mu, \sigma^2)$ に従うとき，X を標準化した

$$Z = \frac{X - \mu}{\sigma}$$

は

$$P(a \leqq Z \leqq b) = P(a\sigma + \mu \leqq X \leqq b\sigma + \mu)$$

$$= \frac{1}{\sqrt{2\pi}\sigma} \int_{a\sigma+\mu}^{b\sigma+\mu} e^{-\frac{(x-\mu)^2}{2\sigma^2}} dx$$

$$= \frac{1}{\sqrt{2\pi}} \int_{a}^{b} e^{-\frac{z^2}{2}} dz \quad \left(z = \frac{x - \mu}{\sigma} \right)$$

を満たすので，標準正規分布 $N(0,1)$ に従う．この X から Z への変形を**正規分布の標準化**といい，

$$P(a \leqq X \leqq b) = P\left(\frac{a - \mu}{\sigma} \leqq Z \leqq \frac{b - \mu}{\sigma} \right)$$

が成り立つ．

■ **正規分布表**　正規分布に従う確率現象を取り扱ううえで，次の関数

$$\Phi(z) = \frac{1}{\sqrt{2\pi}} \int_{0}^{z} e^{-\frac{x^2}{2}} dx$$

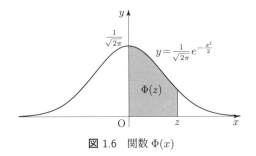

図 1.6　関数 $\Phi(x)$

の値は重要である (図 1.6) が，右辺の積分の厳密な値は求められない．そこで，各 z に対して $\Phi(z)$ の値の近似値を求めて表にしたのが，巻末の**正規分布表**である．

　正規分布表 I (付表 1) は，与えられた z に対して $\Phi(z)$ の値を求めるときに用い，正規分布表 II (付表 2) は，与えられた定数 k に対して，$\Phi(z) = k$ となる z の値を求めるときに用いる．例えば，$\Phi(1.76) = 0.4608$ であるが，これは 1.76 を 1.7 と 0.06 に分解して，正規分布表 I の左端の数値 1.7 と上端の数値 0.06 の交差点の数値から求めることができる．同様にして，$\Phi(0.83) = 0.2967$ である．また，$\Phi(z) = 0.397$ となる z の値は $z = 1.2646$ であるが，これは 0.397 を 0.39 と 0.007 に分解して，正規分布表 II の左端の数値 0.39 と上端の数値 0.007 の交差点の数値から求められる．同様にして，$\Phi(z) = 0.232$ となる z の値は $z = 0.6189$ である．

　■ **正規分布表による確率計算**　正規分布表を用いて正規分布 $N(\mu, \sigma^2)$ に従う確率変数 X の確率計算を行うには，X を標準化した $Z = \dfrac{X - \mu}{\sigma}$ が標準正規分布 $N(0, 1)$ に従うことと，$N(0, 1)$ の確率密度関数のグラフの y 軸に関する対称性が役に立つ．

　例題 11　X が $N(2, 10)$ に従うとき，次の確率を正規分布表を用いて求めよ．
(1)　$P(3 \leqq X \leqq 4)$　　　(2)　$P(0 < X < 5)$　　　(3)　$P(X \geqq 6)$

　解　$Z = \dfrac{X - 2}{\sqrt{10}}$ は $N(0, 1)$ に従う．よって，正規分布表 I を用いて確率を求める．

(1)　$P(3 \leqq X \leqq 4) = P\left(\dfrac{3 - 2}{\sqrt{10}} \leqq Z \leqq \dfrac{4 - 2}{\sqrt{10}}\right) = P(0.32 \leqq Z \leqq 0.63)$

$= \Phi(0.63) - \Phi(0.32) = 0.2357 - 0.1255 = 0.1102 .$

(2) $P(0 < X < 5) = P\left(\dfrac{0-2}{\sqrt{10}} < Z < \dfrac{5-2}{\sqrt{10}}\right) = P(-0.63 < Z < 0.95)$

$\qquad = \Phi(0.95) + \Phi(0.63) = 0.3289 + 0.2357 = 0.5646\,.$

(3) $P(X \geqq 6) = P\left(Z \geqq \dfrac{6-2}{\sqrt{10}}\right) = P(Z \geqq 1.26)$

$\qquad = 0.5 - \Phi(1.26) = 0.5 - 0.3962 = 0.1038\,.$ □

例題 12 X が $N(5, 17)$ に従うとき,次を満たす k の値を正規分布表を用いて求めよ.

(1) $P(X \leqq k) = 0.585$ (2) $P(X < k) = 0.34$

解 $Z = \dfrac{X-5}{\sqrt{17}}$ は $N(0, 1)$ に従う.

(1) $P(X \leqq k) = P\left(Z \leqq \dfrac{k-5}{\sqrt{17}}\right) = 0.585 > 0.5$ なので,$\dfrac{k-5}{\sqrt{17}} > 0$ である.よって,

$$P\left(Z \leqq \dfrac{k-5}{\sqrt{17}}\right) = 0.5 + \Phi\left(\dfrac{k-5}{\sqrt{17}}\right) = 0.585$$

より,$\Phi\left(\dfrac{k-5}{\sqrt{17}}\right) = 0.085$ となる.正規分布表 II より,$\dfrac{k-5}{\sqrt{17}} = 0.2147$ なので,$k = 0.2147 \times \sqrt{17} + 5 = 5.8852$ を得る.

(2) $P(X < k) = P\left(Z < \dfrac{k-5}{\sqrt{17}}\right) = 0.34 < 0.5$ なので,$\dfrac{k-5}{\sqrt{17}} < 0$ である.よって,

$$P\left(Z < \dfrac{k-5}{\sqrt{17}}\right) = 0.5 - \Phi\left(\dfrac{5-k}{\sqrt{17}}\right) = 0.34$$

より,$\Phi\left(\dfrac{5-k}{\sqrt{17}}\right) = 0.16$ となる.正規分布表 II より,$\dfrac{5-k}{\sqrt{17}} = 0.4125$ なので,$k = 5 - 0.4125 \times \sqrt{17} = 3.299$ を得る. □

例題 13 100 点満点の試験を 3 万 7 千人の受験者が受けた.この試験の得点が平均 65,標準偏差 20 の正規分布に従うとき,次の問いに答えよ.

(1) 80 点の受験者は上からおよそ何番目か.

(2) 得点順位が 5000 番目の受験者の得点はおよそ何点か.

解 試験の得点 X は正規分布 $N(65, 20^2)$ に従うので,$Z = \dfrac{X-65}{20}$ は $N(0, 1)$ に従う.

(1)　$P(X \geqq 80) = P\left(Z \geqq \dfrac{3}{4}\right) = P(Z \geqq 0.75) = 0.5 - \Phi(0.75)$

$$= 0.5 - 0.2734 = 0.2266$$

なので，$37000 \times 0.2266 = 8384.2$ となる．よって，80 点の受験者はおよそ 8384 番目である．

(2)　$P(X \geqq k) = \dfrac{5000}{37000} = 0.135$ となる k を求めればよい．ここで，

$$P(X \geqq k) = P\left(Z \geqq \dfrac{k - 65}{20}\right) = 0.5 - \Phi\left(\dfrac{k - 65}{20}\right)$$

なので，$\Phi\left(\dfrac{k - 65}{20}\right) = 0.5 - 0.135 = 0.365$ である．正規分布表 II より，$\dfrac{k - 65}{20} = 1.1031$ なので，$k = 1.1031 \times 20 + 65 = 87.062$ となる．よって，得点順位が 5000 番目の受験者の得点は，およそ 87 点である．　□

問 16　次の確率を正規分布表を用いて求めよ．
(1)　X が $N(3, 20)$ に従うときの $P(5 < X < 10)$.
(2)　X が $N(5, 30)$ に従うときの $P(1 \leqq X < 4)$.
(3)　X が $N(7, 40)$ に従うときの $P(X \geqq 5)$.

問 17　正規分布表を用いて次を求めよ．
(1)　X が $N(4, 15)$ に従うとき，$P(X \leqq k) = 0.4$ を満たす k の値．
(2)　X が $N(6, 25)$ に従うとき，$P(X > k) = 0.8$ を満たす k の値．
(3)　X が $N(8, 35)$ に従うとき，$P(|X - 8| \leqq k) = 0.5$ を満たす k の値．

問 18　200 点満点の試験を 50 万人の受験者が受けた．この試験の得点が平均 110，標準偏差 33 の正規分布に従うとき，次の問いに答えよ．
(1)　170 点の受験者は上からおよそ何番目か．
(2)　得点順位が 30 万番目の受験者の得点はおよそ何点か．

■ **ラプラスの定理**　確率変数 X が二項分布 $B(n, p)$ に従うとき，定理 8 より，$E[X] = np$，$V[X] = npq$ $(q = 1 - p)$ である．よって，X を標準化した確率変数を Z_n とすると，

$$Z_n = \dfrac{X - np}{\sqrt{npq}} \quad (q = 1 - p)$$

となる．次の結果は，$n \to \infty$ のときの Z_n の極限分布の詳細な情報を与える定理として知られている．

●**定理 11 (ラプラスの定理)**　確率変数 X は二項分布 $B(n, p)$ に従うとし，

$$Z_n = \frac{X - np}{\sqrt{npq}} \quad (q = 1 - p)$$

とおく. このとき, Z_n の分布関数は標準正規分布の分布関数に収束する. すなわち, 任意の実数 x に対して

$$\lim_{n \to \infty} P(Z_n \leqq x) = \frac{1}{\sqrt{2\pi}} \int_{-\infty}^{x} e^{-\frac{z^2}{2}} dz$$

が成り立つ.

ラプラスの定理により, 次の近似計算が可能となる.

■ **二項分布の正規近似**　X が二項分布 $B(n, p)$ に従うとき, n が十分に大きければ, $P(a \leqq X \leqq b)$ を, $N(0, 1)$ に従う確率変数 Z を用いて,

$$P\left(\frac{a - 0.5 - np}{\sqrt{npq}} \leqq Z \leqq \frac{b + 0.5 - np}{\sqrt{npq}} \right)$$

で近似して計算してよい. ただし, $q = 1 - p$ とする.

上の近似式に現れる ± 0.5 は, 離散型確率変数の確率計算を連続型確率変数を用いて行う際に生じる誤差を小さくするための補正項である. また, 定理 8 より, np と $\sqrt{npq}$ はそれぞれ二項分布 $B(n, p)$ に従う確率変数 X の期待値と標準偏差である.

例題 14　さいころを 150 回投げるとき, 1 の目が出る回数が 30 回以上 35 回以下である確率を二項分布の正規近似を用いて求めよ.

解　1 の目が出る回数を X とすると, X は二項分布 $B\left(150, \dfrac{1}{6}\right)$ に従う. こ
こで,

$$E[X] = 150 \times \frac{1}{6} = 25, \quad \sigma[X] = \sqrt{150 \times \frac{1}{6} \times \frac{5}{6}} = \frac{5\sqrt{30}}{6}$$

なので, Z を標準正規分布 $N(0, 1)$ に従う確率変数とすると, 二項分布の正規近似より, 求める確率は,

$$P\left(\frac{30 - 0.5 - 25}{5\sqrt{30}/6} \leqq Z \leqq \frac{35 + 0.5 - 25}{5\sqrt{30}/6} \right)$$

$$= P(0.99 \leqq Z \leqq 2.30)$$

$$= \Phi(2.30) - \Phi(0.99) = 0.4893 - 0.3389 = 0.1504$$

となる.　□

■ **補正項による近似精度の向上**　上記の例題を補正項を用いずに計算すると，

$$P\left(\frac{30-25}{5\sqrt{30}/6} \leqq Z \leqq \frac{35-25}{5\sqrt{30}/6}\right) = P(1.10 \leqq Z \leqq 2.19)$$

$$= \Phi(2.19) - \Phi(1.10) = 0.4857 - 0.3643 = 0.1214$$

である．一方，二項分布の計算を直接行えば，

$$\sum_{i=30}^{35} {}_{150}C_i \left(\frac{1}{6}\right)^i \left(\frac{5}{6}\right)^{150-i}$$

$$= 0.045873 + 0.035514 + 0.026414$$

$$+ 0.018890 + 0.013001 + 0.008618$$

$$= 0.1483$$

となる．よって，補正項を用いて計算した場合の誤差は

$$|0.1504 - 0.1483| = 0.0021,$$

補正項を用いずに計算した場合の誤差は

$$|0.1214 - 0.1483| = 0.0269$$

となり，補正項により近似の精度が良くなっていることがわかる．

問 19　赤玉 5 個，白玉 3 個，黒玉 2 個が入っている袋から玉を 1 個取り出して，その色を見てから袋に戻す試行を 500 回繰り返すとき，次の確率を二項分布の正規近似を用いて求めよ．

(1)　赤玉の出る回数が 240 回以上 260 回以下となる確率．
(2)　黒玉でない玉の出る回数が 380 回以下となる確率．

1.2.4　同時確率分布

いままでは 1 個の確率変数だけを取り扱ってきたが，ここでは複数の確率変数を同時に考察するのに必要な同時確率や周辺確率について学ぶ．以下では，2 個の確率変数を同時に取り扱う場合について述べるが，3 個以上の場合も同様である．

■ **同時確率分布**　離散型確率変数 X, Y のとりうる値がそれぞれ x_i, y_j ($i = 1, 2, \cdots, m$; $j = 1, 2, \cdots, n$) のとき，$X = x_i$, $Y = y_j$ となる確率 $P(X = x_i, Y = y_j)$ を p_{ij} で表し，X, Y の**同時確率**という．すなわち，

$$p_{ij} = P(X = x_i, Y = y_j)$$

である．このとき，(x_i, y_j) と p_{ij} の間の対応関係を**同時確率分布**，それを表に

したものを**同時確率分布表**という (表 1.2). また,

$$p_{i\bullet} = P(X = x_i) = \sum_{j=1}^{n} p_{ij}, \quad p_{\bullet j} = P(Y = y_j) = \sum_{i=1}^{m} p_{ij}$$

をそれぞれ X, Y の**周辺確率**といい, x_i と $p_{i\bullet}$, y_j と $p_{\bullet j}$ の間の対応関係をそれぞれ X, Y の**周辺確率分布**という.

表 1.2　同時確率分布表

Y ＼ X	x_1	$\cdots$	x_i	$\cdots$	x_m	Y の周辺確率
y_1	p_{11}	$\cdots$	p_{i1}	$\cdots$	p_{m1}	$p_{\bullet 1}$
$\vdots$	$\vdots$		$\vdots$		$\vdots$	$\vdots$
y_j	p_{1j}	$\cdots$	p_{ij}	$\cdots$	p_{mj}	$p_{\bullet j}$
$\vdots$	$\vdots$		$\vdots$		$\vdots$	$\vdots$
y_n	p_{1n}	$\cdots$	p_{in}	$\cdots$	p_{mn}	$p_{\bullet n}$
X の周辺確率	$p_{1\bullet}$	$\cdots$	$p_{i\bullet}$	$\cdots$	$p_{m\bullet}$	1

　このとき, 同時確率と周辺確率が次の性質を満たすことは容易に確かめられる.

- $0 \leqq p_{ij} \leqq 1$, $\displaystyle\sum_{i=1}^{m}\sum_{j=1}^{n} p_{ij} = 1$

- $0 \leqq p_{i\bullet} \leqq 1$, $\displaystyle\sum_{i=1}^{m} p_{i\bullet} = 1$;　$0 \leqq p_{\bullet j} \leqq 1$, $\displaystyle\sum_{j=1}^{n} p_{\bullet j} = 1$

関数 $\varphi(x, y)$ に対して, 確率変数 $\varphi(X, Y)$ の期待値を

$$E[\varphi(X, Y)] = \sum_{i=1}^{m}\sum_{j=1}^{n} \varphi(x_i, y_j) p_{ij}$$

で定める. 特に,

$$E[X] = \sum_{i=1}^{m} x_i p_{i\bullet}, \quad E[Y] = \sum_{j=1}^{n} y_j p_{\bullet j}$$

である. 次の定理は, 期待値の定義より容易に示せる.

●**定理 12**　X, Y は確率変数, a, b, c, d は定数, φ_1, φ_2 は 2 変数関数とする. このとき,

$$E[a\varphi_1(X,Y) + b\varphi_2(X,Y) + c] = aE[\varphi_1(X,Y)] + bE[\varphi_2(X,Y)] + c$$

が成り立つ. 特に,

$$E[aXY + bX + cY + d] = aE[XY] + bE[X] + cE[Y] + d$$

である.

　次に, 2 つの確率変数 X と Y の間の関連性の度合いを表す尺度として,

$$\gamma(X,Y) = E\left[(X - E[X])(Y - E[Y])\right],$$

$$\rho(X,Y) = \frac{\gamma(X,Y)}{\sigma[X]\sigma[Y]}$$

を定め, $\gamma(X,Y)$ を**共分散**, $\rho(X,Y)$ を**相関係数**という. 共分散と相関係数は次の性質をもつ.

●**定理 13**　X, Y は確率変数, a, b は定数とする.

(1)　$V[aX + bY] = a^2 V[X] + 2ab\gamma(X,Y) + b^2 V[Y]$

(2)　$\gamma(X,Y) = E[XY] - E[X]E[Y]$　（共分散の計算の簡便公式）

(3)　$-1 \leqq \rho(X,Y) \leqq 1$

証明　(1)　定理 12 と分散の定義より,

$$\begin{aligned}
V[aX + bY] &= E[(aX + bY - E[aX + bY])^2] \\
&= E[\{a(X - E[X]) + b(Y - E[Y])\}^2] \\
&= a^2 E[(X - E[X])^2] + 2abE[(X - E[X])(Y - E[Y])] \\
&\quad + b^2 E[(Y - E[Y])^2] \\
&= a^2 V[X] + 2ab\gamma(X,Y) + b^2 V[Y].
\end{aligned}$$

(2)　定理 12 と共分散の定義より,

$$\begin{aligned}
\gamma(X,Y) &= E\left[(X - E[X])(Y - E[Y])\right] \\
&= E\left[XY - E[X]Y - E[Y]X + E[X]E[Y]\right] \\
&= E[XY] - E[X]E[Y] - E[Y]E[X] + E[X]E[Y] \\
&= E[XY] - E[X]E[Y].
\end{aligned}$$

(3)　付録 A.2 をみよ.　□

例題 15 次の同時確率分布に従う X, Y の周辺確率分布と $P(X + Y = 0)$ を求めよ. また, 共分散と相関係数を求めよ.

Y ＼ X	-2	-1	1	2
1	$\dfrac{1}{16}$	$\dfrac{2}{16}$	$\dfrac{1}{16}$	0
2	$\dfrac{4}{16}$	0	$\dfrac{4}{16}$	$\dfrac{4}{16}$

解 X, Y の周辺確率分布は次のようになる.

Y ＼ X	-2	-1	1	2	Y の周辺確率
1	$\dfrac{1}{16}$	$\dfrac{2}{16}$	$\dfrac{1}{16}$	0	$\dfrac{1}{4}$
2	$\dfrac{4}{16}$	0	$\dfrac{4}{16}$	$\dfrac{4}{16}$	$\dfrac{3}{4}$
X の周辺確率	$\dfrac{5}{16}$	$\dfrac{2}{16}$	$\dfrac{5}{16}$	$\dfrac{4}{16}$	1

$X + Y = 0$ となるのは, $(X, Y) = (-2, 2), (-1, 1)$ のときなので,

$$P(X + Y = 0) = P(X = -2, Y = 2) + P(X = -1, Y = 1)$$
$$= \frac{4}{16} + \frac{2}{16} = \frac{3}{8}$$

である. また, X, Y の期待値は

$$E[X] = -2 \times \frac{5}{16} + (-1) \times \frac{2}{16} + 1 \times \frac{5}{16} + 2 \times \frac{4}{16} = \frac{1}{16},$$
$$E[Y] = 1 \times \frac{1}{4} + 2 \times \frac{3}{4} = \frac{7}{4}$$

である. さらに,

$$E[XY] = (-2) \times 1 \times \frac{1}{16} + (-1) \times 1 \times \frac{2}{16} + 1 \times 1 \times \frac{1}{16} + 2 \times 1 \times 0$$
$$+ (-2) \times 2 \times \frac{4}{16} + (-1) \times 2 \times 0 + 1 \times 2 \times \frac{4}{16} + 2 \times 2 \times \frac{4}{16}$$
$$= \frac{5}{16}$$

なので，定理 13 の (2) より，共分散は

$$\gamma(X,Y) = E[XY] - E[X]E[Y] = \frac{5}{16} - \frac{1}{16} \times \frac{7}{4} = \frac{13}{64}$$

となる.

相関係数を求めるには，まず分散を計算する.

$$E[X^2] = (-2)^2 \times \frac{5}{16} + (-1)^2 \times \frac{2}{16} + 1^2 \times \frac{5}{16} + 2^2 \times \frac{4}{16} = \frac{43}{16},$$

$$E[Y^2] = 1^2 \times \frac{1}{4} + 2^2 \times \frac{3}{4} = \frac{13}{4}$$

なので，X, Y の分散は，定理 7 の (1) より，

$$V[X] = E[X^2] - E[X]^2 = \frac{43}{16} - \left(\frac{1}{16}\right)^2 = \frac{687}{256},$$

$$V[Y] = E[Y^2] - E[Y]^2 = \frac{13}{4} - \left(\frac{7}{4}\right)^2 = \frac{3}{16}$$

となる. よって，相関係数は

$$\rho(X,Y) = \frac{\gamma(X,Y)}{\sigma[X]\sigma[Y]} = \frac{\frac{13}{64}}{\sqrt{\frac{687}{256}} \times \sqrt{\frac{3}{16}}} = \frac{13}{3\sqrt{229}}$$

である. □

問 20　次の確率変数 X, Y の同時確率分布と $P(1 \leqq X - Y \leqq 3)$ を求めよ. また，共分散と相関係数を求めよ.

(1)　1 個のさいころと 2 枚の硬貨を同時に投げるとき，さいころの出る目 X と硬貨の表が出る枚数 Y.

(2)　2 個のさいころを同時に投げるとき，出る目の大きくないほう X と出る目の和を 2 で割った余り Y.

■ **同時確率密度関数**　X, Y は連続型確率変数とする. 以下では，関数 $p(x,y)$ が存在して，平面内の領域 D に対して，$(X,Y) \in D$ となる確率 $P((X,Y) \in D)$ が 2 重積分

$$P((X,Y) \in D) = \iint_D p(x,y)\, dxdy \tag{1.4}$$

で与えられる場合だけを考える. このとき，$p(x,y)$ を X, Y の**同時確率密度関数**，

$$p_1(x) = \int_{-\infty}^{\infty} p(x,y)\, dy, \quad p_2(y) = \int_{-\infty}^{\infty} p(x,y)\, dx$$

をそれぞれ X, Y の**周辺確率密度関数**という．特に，D が長方形領域 $D = \{(x, y)\colon a \leqq x \leqq b,\ c \leqq y \leqq d\}$ の場合は，(1.4) は

$$P(a \leqq X \leqq b,\ c \leqq Y \leqq d)$$
$$= \int_a^b \left\{ \int_c^d p(x, y)\, dy \right\} dx = \int_c^d \left\{ \int_a^b p(x, y)\, dx \right\} dy$$

となる．

同時確率密度関数と周辺確率密度関数は次の性質を満たす．

- $p(x, y) \geqq 0$,　$\displaystyle\int_{-\infty}^{\infty} \int_{-\infty}^{\infty} p(x, y)\, dxdy = 1$

- $p_1(x) \geqq 0$,　$\displaystyle\int_{-\infty}^{\infty} p_1(x)\, dx = 1$;　$p_2(y) \geqq 0$,　$\displaystyle\int_{-\infty}^{\infty} p_2(y)\, dy = 1$

関数 $\varphi(x, y)$ に対して，確率変数 $\varphi(X, Y)$ の期待値を

$$E[\varphi(X, Y)] = \int_{-\infty}^{\infty} \int_{-\infty}^{\infty} \varphi(x, y) p(x, y)\, dxdy$$

で定める．特に，

$$E[X] = \int_{-\infty}^{\infty} x p_1(x)\, dx, \quad E[Y] = \int_{-\infty}^{\infty} y p_2(y)\, dy$$

である．また，共分散や相関係数も離散型の場合と同様に定義する．このとき，連続型確率変数に対しても定理 12 と定理 13 が成り立つ．

例題 16　同時確率密度関数

$$p(x, y) = \begin{cases} \dfrac{x}{2} + \dfrac{y}{4} & (0 \leqq x \leqq 1,\ 0 \leqq y \leqq 2) \\ 0 & (その他) \end{cases}$$

をもつ確率変数 X, Y の周辺確率密度関数と $P(X + Y \leqq 1)$ を求めよ．また，共分散と相関係数を求めよ．

解　X, Y の周辺確率密度関数 $p_1(x)$, $p_2(y)$ はそれぞれ

$$p_1(x) = \int_{-\infty}^{\infty} p(x, y)\, dy = \begin{cases} \displaystyle\int_0^2 \left(\frac{x}{2} + \frac{y}{4} \right) dy = x + \frac{1}{2} & (0 \leqq x \leqq 1) \\ 0 & (その他), \end{cases}$$

$$p_2(y) = \int_{-\infty}^{\infty} p(x, y)\, dx = \begin{cases} \displaystyle\int_0^1 \left(\frac{x}{2} + \frac{y}{4} \right) dx = \frac{y + 1}{4} & (0 \leqq y \leqq 2) \\ 0 & (その他) \end{cases}$$

であり,

$$P(X + Y \leqq 1) = \iint_{x+y\leqq 1} p(x, y)\, dxdy = \int_0^1 \left\{ \int_0^{1-x} \left(\frac{x}{2} + \frac{y}{4} \right) dy \right\} dx$$

$$= \int_0^1 \frac{1 + 2x - 3x^2}{8}\, dx = \frac{1}{8}$$

となる.

X, Y の期待値は

$$E[X] = \int_{-\infty}^{\infty} x p_1(x)\, dx = \int_0^1 \left(x^2 + \frac{x}{2} \right) dx = \frac{7}{12},$$

$$E[Y] = \int_{-\infty}^{\infty} y p_2(y)\, dy = \frac{1}{4} \int_0^2 \left(y^2 + y \right) dy = \frac{7}{6}$$

である. さらに,

$$E[XY] = \int_{-\infty}^{\infty} \int_{-\infty}^{\infty} xy p(x, y)\, dxdy = \int_0^1 \left\{ \int_0^2 \left(\frac{x^2 y}{2} + \frac{xy^2}{4} \right) dy \right\} dx$$

$$= \int_0^1 \left(x^2 + \frac{2}{3} x \right) dx = \frac{2}{3}$$

なので, 定理 13 の (2) より, 共分散は

$$\gamma(X, Y) = E[XY] - E[X]E[Y] = \frac{2}{3} - \frac{7}{12} \times \frac{7}{6} = -\frac{1}{72}$$

となる. また,

$$E[X^2] = \int_0^1 \left(x^3 + \frac{x^2}{2} \right) dx = \left[\frac{x^4}{4} + \frac{x^3}{6} \right]_0^1 = \frac{5}{12},$$

$$E[Y^2] = \frac{1}{4} \int_0^2 \left(y^3 + y^2 \right) dy = \frac{1}{4} \left[\frac{y^4}{4} + \frac{y^3}{3} \right]_0^2 = \frac{5}{3}$$

なので, X, Y の分散は, 定理 7 の (1) より,

$$V[X] = E[X^2] - E[X]^2 = \frac{5}{12} - \left(\frac{7}{12} \right)^2 = \frac{11}{144},$$

$$V[Y] = E[Y^2] - E[Y]^2 = \frac{5}{3} - \left(\frac{7}{6} \right)^2 = \frac{11}{36}$$

となる. よって, 相関係数は

$$\rho(X,Y) = \frac{\gamma(X,Y)}{\sigma[X]\sigma[Y]} = \frac{-\frac{1}{72}}{\sqrt{\frac{11}{144}} \times \sqrt{\frac{11}{36}}} = -\frac{1}{11}$$

である． □

問 21　次の同時確率密度関数 $p(x,y)$ をもつ確率変数 X, Y の周辺確率密度関数と $P(0 \leqq X - Y \leqq 1)$ を求めよ．また，共分散と相関係数を求めよ．

(1)　$p(x,y) = \begin{cases} -\dfrac{1}{20}(x+2)(y-1) & (-2 \leqq x \leqq 2,\ -2 \leqq y \leqq -1) \\ 0 & (その他) \end{cases}$

(2)　$p(x,y) = \begin{cases} \dfrac{x^2}{4} + \dfrac{y^2}{2} & (0 \leqq x \leqq 2,\ 0 \leqq y \leqq 1) \\ 0 & (その他) \end{cases}$

1.2.5　独立な確率変数

確率を論じる際に重要な独立性に関して，"事象の独立性" についてはすでに述べた．ここでは，"確率変数の独立性" ついて考察する．

■ **確率変数の独立性**　離散型確率変数 X, Y の同時確率分布を

$$p_{ij} = P(X = x_i, Y = y_j) \quad (i = 1, 2, \cdots, m;\ j = 1, 2, \cdots, n),$$

X, Y の周辺確率分布をそれぞれ

$$p_{i\bullet} = P(X = x_i), \quad p_{\bullet j} = P(Y = y_j)$$

とする．任意の i, j に対して

$$p_{ij} = p_{i\bullet}p_{\bullet j}$$

が成り立つとき，X と Y は**独立**であるという．X と Y が独立なとき，$X = a$ となる事象と $Y = b$ となる事象は独立となるので，X と Y がどんな値をとるかは互いに影響を及ぼしあわないと考えられる．

例題 17　1 枚の硬貨を投げて，表が出たら 1 点得られ，裏が出たら 1 点失うゲームを行う．硬貨を 3 回投げるとき，得点の合計点を X とし，Y は合計点が正なら 1，負なら -1 とする．このとき，次の確率変数が独立かどうか調べよ．

(1)　X と Y　　(2)　X^2 と Y

解　(1)　X, Y の同時確率分布と周辺確率分布は次の表のようになる．よって，

$$P(X = 1, Y = -1) = 0 \neq \frac{3}{16} = P(X = 1)P(Y = -1)$$

なので, X と Y は独立でない.

Y＼X	-3	-1	1	3	Y の周辺確率
-1	$\dfrac{1}{8}$	$\dfrac{3}{8}$	0	0	$\dfrac{1}{2}$
1	0	0	$\dfrac{3}{8}$	$\dfrac{1}{8}$	$\dfrac{1}{2}$
X の周辺確率	$\dfrac{1}{8}$	$\dfrac{3}{8}$	$\dfrac{3}{8}$	$\dfrac{1}{8}$	1

(2) X^2, Y の同時確率分布と周辺確率分布を求めると,

Y＼X^2	1	9	Y の周辺確率
-1	$\dfrac{3}{8}$	$\dfrac{1}{8}$	$\dfrac{1}{2}$
1	$\dfrac{3}{8}$	$\dfrac{1}{8}$	$\dfrac{1}{2}$
X^2 の周辺確率	$\dfrac{3}{4}$	$\dfrac{1}{4}$	1

である. よって,

$$P(X^2 = 1, Y = -1) = \frac{3}{8} = P(X^2 = 1)P(Y = -1),$$

$$P(X^2 = 9, Y = -1) = \frac{1}{8} = P(X^2 = 9)P(Y = -1),$$

$$P(X^2 = 1, Y = 1) = \frac{3}{8} = P(X^2 = 1)P(Y = 1),$$

$$P(X^2 = 9, Y = 1) = \frac{1}{8} = P(X^2 = 9)P(Y = 1)$$

となり, X^2 と Y は独立である.   □

問 22 次の確率変数 X と Y が独立かどうか調べよ.

(1) 1 個のさいころと 3 枚の硬貨を同時に投げるとき, さいころの出る目 X と硬貨の表が出る枚数 Y.

(2) 2個のさいころを同時に投げるとき，出る目の小さくないほう X と出る目の和を 3 で割った余り Y.

連続型確率変数 X, Y の同時確率密度関数を $p(x, y)$，周辺確率密度関数をそれぞれ $p_1(x)$, $p_2(y)$ とする．任意の x, y に対して，

$$p(x, y) = p_1(x)\, p_2(y)$$

が成り立つとき，X と Y は**独立**であるという．

例題 18 同時確率密度関数

$$p(x, y) = \begin{cases} \dfrac{1}{6} & (-1 \leqq x \leqq 2,\ 1 \leqq y \leqq 3) \\ 0 & (その他) \end{cases}$$

をもつ確率変数 X と Y は独立かどうか調べよ．

解 X, Y の周辺確率密度関数 $p_1(x)$, $p_2(y)$ は

$$p_1(x) = \int_{-\infty}^{\infty} p(x, y)\, dy = \begin{cases} \displaystyle\int_1^3 \dfrac{1}{6}\, dy = \dfrac{1}{3} & (-1 \leqq x \leqq 2) \\ 0 & (その他), \end{cases}$$

$$p_2(y) = \int_{-\infty}^{\infty} p(x, y)\, dx = \begin{cases} \displaystyle\int_{-1}^2 \dfrac{1}{6}\, dx = \dfrac{1}{2} & (1 \leqq y \leqq 3) \\ 0 & (その他) \end{cases}$$

なので，すべての x, y に対して $p(x, y) = p_1(x)\, p_2(y)$ が成り立つ．よって，X と Y は独立である． $\square$

問 23 次の同時確率密度関数 $p(x, y)$ をもつ確率変数 X と Y が独立かどうか調べよ．

(1) $p(x, y) = \begin{cases} -\dfrac{x}{5} + \dfrac{y}{3} & (-3 \leqq x \leqq -2,\ 1 \leqq y \leqq 2) \\ 0 & (その他) \end{cases}$

(2) $p(x, y) = \begin{cases} \dfrac{1}{6}(x + 2)(y - 1) & (-1 \leqq x \leqq 1,\ 2 \leqq y \leqq 3) \\ 0 & (その他) \end{cases}$

■ **独立な確率変数の性質** 確率変数が独立であれば，期待値や分散の計算が簡単になる．

●**定理 14**　確率変数 X と Y が独立ならば，次が成り立つ.

(1)　$E[XY] = E[X]E[Y]$

(2)　$\gamma(X,Y) = \rho(X,Y) = 0$

(3)　定数 a, b に対して，$V[aX + bY] = a^2 V[X] + b^2 V[Y]$.

証明　(1)　離散型の場合も同様なので，連続型確率変数の場合に示す. 独立性より，$p(x,y) = p_1(x)\,p_2(y)$ なので，

$$E[XY] = \int_{-\infty}^{\infty} \int_{-\infty}^{\infty} xyp(x,y)\,dxdy = \int_{-\infty}^{\infty} \int_{-\infty}^{\infty} xyp_1(x)p_2(y)\,dxdy$$

$$= \left(\int_{-\infty}^{\infty} xp_1(x)\,dx \right) \left(\int_{-\infty}^{\infty} yp_2(y)\,dy \right)$$

$$= E[X]E[Y]$$

となる.

(2)　(1) より $E[XY] = E[X]E[Y]$ なので，定理 13 の (2) より $\gamma(X,Y) = 0$ となる. よって

$$\rho(X,Y) = \frac{\gamma(X,Y)}{\sigma[X]\sigma[Y]} = 0$$

である.

(3)　(2) より $\gamma(X,Y) = 0$ なので，定理 13 の (1) より $V[aX+bY] = a^2 V[X] + b^2 V[Y]$ となる.　□

定理 14 の逆は一般には成立しない. 例えば，X, Y が次の同時確率分布

Y ＼ X	-1	0	1	Y の周辺確率
-1	0	$\dfrac{3}{12}$	0	$\dfrac{1}{4}$
0	$\dfrac{1}{12}$	$\dfrac{4}{12}$	$\dfrac{1}{12}$	$\dfrac{2}{4}$
1	0	$\dfrac{3}{12}$	0	$\dfrac{1}{4}$
X の周辺確率	$\dfrac{1}{12}$	$\dfrac{10}{12}$	$\dfrac{1}{12}$	1

に従うとき,

$$P(X=0, Y=0) = \frac{1}{3}, \quad P(X=0)P(Y=0) = \frac{5}{12}$$

なので, X と Y は独立でない. 一方,

$$E[X] = (-1) \times \frac{1}{12} + 0 \times \frac{10}{12} + 1 \times \frac{1}{12} = 0,$$

$$E[Y] = (-1) \times \frac{1}{4} + 0 \times \frac{2}{4} + 1 \times \frac{1}{4} = 0,$$

$$E[XY] = (-1) \times (-1) \times 0 + 0 \times (-1) \times \frac{3}{12} + 1 \times (-1) \times 0$$

$$+ (-1) \times 0 \times \frac{1}{12} + 0 \times 0 \times \frac{4}{12} + 1 \times 0 \times \frac{1}{12}$$

$$+ (-1) \times 1 \times 0 + 0 \times 1 \times \frac{3}{12} + 1 \times 1 \times 0 = 0$$

である. よって, $E[XY] = 0 = E[X]E[Y]$ は成立する.

■ **正規分布の再生性**　正規分布は, 次の**再生性**とよばれる性質をもつ. (証明は付録 A.3 をみよ.)

● **定理 15 (正規分布の再生性)**　X_i $(i = 1, 2, \cdots, n)$ は正規分布 $N(\mu_i, \sigma_i^2)$ に従う独立な確率変数とする. このとき, 任意の定数 a_i に対して, $a_1 X_1 + a_2 X_2 + \cdots + a_n X_n$ は正規分布

$$N(a_1\mu_1 + a_2\mu_2 + \cdots + a_n\mu_n,\ a_1^2\sigma_1^2 + a_2^2\sigma_2^2 + \cdots + a_n^2\sigma_n^2)$$

に従う.

このように正規分布の再生性は, 正規分布に従う独立な確率変数の和が再び正規分布に従うことを示しており, すでに学んだ二項分布やポアソン分布, 第 3 章で学ぶ χ^2 分布も再生性をもつことが知られている.

例題 19　50 m 走において, 男性の記録は平均 7.32 秒, 標準偏差 0.53 秒, 女性の記録は平均 9.02 秒, 標準偏差 0.78 秒の正規分布に従うとする. このとき, 男女の記録の合計が 16 秒を切る確率を正規分布表を用いて求めよ.

解　50 m 走の男性, 女性の記録をそれぞれ X, Y とすると, X と Y は独立と考えてよい. X は $N(7.32, 0.53^2)$, Y は $N(9.02, 0.78^2)$ に従うので, 独立性と正規分布の再生性より, $X + Y$ は正規分布

$$N(7.32 + 9.02,\, 0.53^2 + 0.78^2) = N(16.34, 0.8893)$$

に従う．よって，

$$Z = \frac{X + Y - 16.34}{\sqrt{0.8893}}$$

は $N(0, 1)$ に従う．ゆえに，正規分布表 I より，

$$P(X + Y < 16) = P\left(Z < \frac{16 - 16.34}{\sqrt{0.8893}}\right) = P(Z < -0.36)$$
$$= 0.5 - \Phi(0.36) = 0.5 - 0.1406 = 0.3594$$

である．　□

問 24　男性の身長は平均 170 cm，標準偏差 5.3 cm，女性の身長は平均 157 cm，標準偏差 6.9 cm の正規分布に従うとする．このとき，男性より女性のほうが身長が高い確率を正規分布表を用いて求めよ．

1.2.6　大数の法則と中心極限定理

ここでは，独立な n 個の確率変数 X_1, X_2, $\cdots$, X_n の算術平均は，n を大きくしたとき，どのように振る舞うかを考察する．

■ **大数の法則**　1 枚の硬貨を投げて表が出るかどうかを調べる試行を繰り返し行い，i 回目の試行で表が出れば $X_i = 1$，裏が出れば $X_i = 0$ として確率変数 X_i を定めると，X_1, X_2, $\cdots$, X_n は独立である．このとき，算術平均

$$\frac{1}{n}\sum_{i=1}^{n} X_i = \frac{X_1 + X_2 + \cdots + X_n}{n}$$

は表の出る相対度数を表すので，投げる回数を増やせば $\dfrac{1}{2}$ に近づくことが予想される．一般に，同じ試行を繰り返して得られる結果の算術平均が，試行の回数を増やせばある一定の値に近づくことを**大数の法則**という．この法則を証明するために，次のチェビシェフの不等式を示す．

● **定理 16 (チェビシェフの不等式)**　任意の確率変数 X と任意の $\varepsilon > 0$ に対して，

$$P(|X| \geqq \varepsilon) \leqq \frac{1}{\varepsilon^2} E[X^2]$$

が成り立つ．

証明 簡単のため，連続型の場合のみ示す．X の確率密度関数を $p(x)$ とする．$\varphi(x) = \begin{cases} 1 & (|x| \geqq \varepsilon) \\ 0 & (その他) \end{cases}$ とおくと，$\varphi(x) \leqq \left(\dfrac{x}{\varepsilon}\right)^2$ なので，

$$\begin{aligned} P(|X| \geqq \varepsilon) &= \int_{-\infty}^{-\varepsilon} p(x)\,dx + \int_{\varepsilon}^{\infty} p(x)\,dx \\ &= \int_{-\infty}^{-\varepsilon} p(x)\,dx + \int_{-\varepsilon}^{\varepsilon} 0\,dx + \int_{\varepsilon}^{\infty} p(x)\,dx \\ &= \int_{-\infty}^{\infty} \varphi(x)p(x)\,dx \\ &\leqq \int_{-\infty}^{\infty} \left(\frac{x}{\varepsilon}\right)^2 p(x)\,dx = \frac{1}{\varepsilon^2} E[X^2] \end{aligned}$$

となる． □

例題 20 確率変数 X の期待値を μ，分散を σ^2 とするとき，任意の $k > 0$ に対して

$$P(|X - \mu| < k\sigma) \geqq 1 - \frac{1}{k^2}$$

が成り立つことを示せ．

解 $Y = X - \mu$ とおくと，$E[Y^2] = E[(X - \mu)^2] = \sigma^2$ である．よって，チェビシェフの不等式より，

$$P(|X - \mu| < k\sigma) = 1 - P(|Y| \geqq k\sigma) \geqq 1 - \frac{1}{(k\sigma)^2}\sigma^2 = 1 - \frac{1}{k^2}$$

となる． □

問 25 期待値が 5，標準偏差が 2 のすべての確率変数 X に対して $P(|X - 5| < k) \geqq 0.85$ が成り立つには定数 k をどんな値以上にすればよいかをチェビシェフの不等式を用いて調べよ．

●**定理 17 (大数の法則)** $X_1, X_2, \cdots, X_n$ は独立な確率変数で，$E[X_i] = \mu$，$V[X_i] = \sigma^2 \ (i = 1, 2, \cdots, n)$ とする．$Y_n = \dfrac{1}{n} \sum_{i=1}^{n} X_i$ とおく．このとき，任意の $\varepsilon > 0$ に対して，

$$\lim_{n \to \infty} P(|Y_n - \mu| < \varepsilon) = 1$$

が成り立つ．

証明　$Y_n - \mu = \dfrac{1}{n} \displaystyle\sum_{i=1}^{n} (X_i - \mu)$ なので，$i \neq j$ となる $n^2 - n$ 個の項

$$(X_i - \mu)(X_j - \mu)$$

の和を W とおくと，

$$(Y_n - \mu)^2 = \frac{1}{n^2} \sum_{i=1}^{n} (X_i - \mu)^2 + \frac{1}{n^2} W$$

となる．$i \neq j$ ならば X_i と X_j は独立なので，

$$\begin{aligned}
E[(X_i - \mu)(X_j - \mu)] &= E\left[X_i X_j - \mu X_i - \mu X_j + \mu^2 \right] \\
&= E[X_i]E[X_j] - \mu E[X_i] - \mu E[X_j] + \mu^2 \\
&= \mu^2 - \mu^2 - \mu^2 + \mu^2 = 0
\end{aligned}$$

である．よって，$E[W] = 0$ となり，

$$E\left[(Y_n - \mu)^2 \right] = \frac{1}{n^2} \sum_{i=1}^{n} E\left[(X_i - \mu)^2 \right]$$

を得る．ゆえに，チェビシェフの不等式 (定理 16) より，

$$\begin{aligned}
P(|Y_n - \mu| \geqq \varepsilon) &\leqq \frac{1}{\varepsilon^2} E\left[(Y_n - \mu)^2 \right] \\
&= \frac{1}{\varepsilon^2 n^2} \sum_{i=1}^{n} E\left[(X_i - \mu)^2 \right] \\
&= \frac{1}{\varepsilon^2 n^2} \cdot n\sigma^2 = \frac{\sigma^2}{\varepsilon^2 n} \to 0
\end{aligned}$$

となり，

$$\lim_{n \to \infty} P(|Y_n - \mu| < \varepsilon) = \lim_{n \to \infty} \left\{ 1 - P(|Y_n - \mu| \geqq \varepsilon) \right\} = 1$$

が成り立つ．　□

　■ **中心極限定理**　大数の法則の精密化が次の中心極限定理である．なお，ラプラスの定理 (定理 11) は，この中心極限定理の特別な場合である．

●**定理 18 (中心極限定理)**　$X_1, X_2, \cdots, X_n$ は独立な確率変数で，$E[X_i] = \mu$，$V[X_i] = \sigma^2$ $(i = 1, 2, \cdots, n)$ とする．このとき，

$$Z_n = \sum_{i=1}^{n} \frac{X_i - \mu}{\sqrt{n}\,\sigma}$$

の分布関数は標準正規分布の分布関数に収束する．すなわち，任意の実数 x に対して，

$$\lim_{n \to \infty} P(Z_n \le x) = \frac{1}{\sqrt{2\pi}} \int_{-\infty}^{x} e^{-\frac{z^2}{2}} dz$$

が成り立つ.

大数の法則では, X_i の算術平均

$$Y_n = \frac{1}{n} \sum_{i=1}^{n} X_i$$

が μ に収束することはわかるが, その収束の速さに関する情報は得られない. 中心極限定理は, 大雑把にいえば, n が十分大きいときは,

$$Y_n = \mu + \frac{\sigma}{\sqrt{n}} Z$$

となる Z が求まることを意味しており, $Y_n - \mu$ の収束の速さや誤差評価を含む, より豊富な情報を得ることができる. なお, n をどの程度大きくすれば正規分布とみなしてよいかは応用上重要な問題であるが, ここでは立ち入らない. 統計学への応用では, $n > 30$ であれば,

$$\frac{\sqrt{n}}{\sigma} (Y_n - \mu) = \sum_{i=1}^{n} \frac{X_i - \mu}{\sqrt{n}\sigma}$$

を標準正規分布とみなしてよいとされている (第 3 章の定理 5 をみよ).

例題 21　ある実験の測定値は平均 125, 標準偏差 15 の連続型確率変数であることが知られている. この実験を 50 回繰り返すとき, 測定値の算術平均が 123 以上 126 以下となる確率を求めよ.

解　第 i 回目の測定値を X_i とすると, $X_1, X_2, \cdots, X_{50}$ は独立で, $E[X_i] = 125$, $\sigma[X_i] = 15$ $(i = 1, 2, \cdots, 50)$ である. よって, 中心極限定理より, それらの算術平均 Y は

$$Y = 125 + \frac{15}{\sqrt{50}} Z$$

と表せるので, $Z = \dfrac{\sqrt{50}}{15}(Y - 125)$ は標準正規分布 $N(0, 1)$ に従う. ゆえに,

$$P(123 \le Y \le 126) = P\left(-\frac{2\sqrt{50}}{15} \le Z \le \frac{\sqrt{50}}{15}\right)$$
$$= P(-0.94 \le Z \le 0.47)$$
$$= \Phi(0.94) + \Phi(0.47) = 0.3264 + 0.1808 = 0.5072$$

となる. □

問 26 ある実験の測定値は平均 56.3, 標準偏差 8.4 の連続型確率変数であることが知られている. この実験を 40 回繰り返すとき, 測定値の算術平均が 56 以上 57 以下となる確率を求めよ.

問題 1.2

---

1. 硬貨を投げ, 表が出たら $X = 1$, 裏が出たら $X = 0$ とするとき, 確率変数 X の確率分布, 分布関数, 期待値, 分散を求めよ.

2. 1 から 10 までの数字が 1 つずつ書かれた 10 枚のカードがある. この中から 1 枚取り, 書いてある数字を X とするとき, 確率変数 X の確率分布, $P(X = 2)$, $P(X \geqq 5)$ を求めよ. また, 分布関数, 期待値, 分散を求めよ.

3. 確率変数 X の確率分布が下表で与えられているとき, p の値と $P(X \geq 3)$ を求めよ. また, X の期待値と分散を求めよ.

X	0	1	4	9	16	計
確率	$\dfrac{1}{2}$	$\dfrac{1}{4}$	$\dfrac{1}{8}$	p	$\dfrac{1}{24}$	1

4. さいころ投げで出る目を X とするとき, 確率変数 $4X$ と $\sin\left(\dfrac{\pi X}{2}\right)$ の期待値と分散をそれぞれ求めよ.

5. 次の確率密度関数をもつ確率変数 X について, $P(0 \leq X \leq 3)$, $P(X \geqq 2)$ を求めよ. また, X の分布関数, 期待値, 分散を求めよ.

(1) $p(x) = \begin{cases} \dfrac{1}{5} & (1 \leq x \leq 6) \\ 0 & (その他) \end{cases}$ (2) $p(x) = \begin{cases} \dfrac{1}{2}\sin x & (0 \leq x \leq \pi) \\ 0 & (その他) \end{cases}$

(3) $p(x) = \dfrac{1}{2}e^{-|x|}$

6. 確率変数 X の確率密度関数が
$$p(x) = \begin{cases} a(-x^2 + 4) & (-2 \leq x \leq 2) \\ 0 & (その他) \end{cases}$$
のとき, 次の値を求めよ.

(1) 定数 a (2) X の期待値と分散

(3) $3X$ の期待値と分散   (4) X^3 の期待値と分散

7. X が二項分布 $B\left(4, \dfrac{1}{3}\right)$ に従うとき, X の確率分布, 期待値, 分散を求めよ.

8. 当たる確率が $1/1000$ のくじを 1000 回引くとき，次の確率を二項分布のポアソン近似を用いて求めよ．

(1) 一度も当たらない　　(2) 当たりをちょうど 2 本引く

9. ある会社では，営業時間中に平均して 1 時間に 2 回の電話がかかってくる．この会社に 1 時間電話がかかってこない確率を求めよ．

10. ある交差点では，平均して 3 か月に 1 回の頻度で交通事故が起こる．この交差点で，1 年間に 2 回以上交通事故が起こる確率を求めよ．

11. 確率変数 X が標準正規分布に従うとき，次の確率を求めよ．

(1) $P(0 \leqq X \leqq 1.28)$ 　　(2) $P(-2.56 \leqq X \leqq 1.6)$

(3) $P(X < 0.64)$ 　　(4) $P(X < -0.32)$

12. 確率変数 X が標準正規分布に従うとき，次を満たす k の値を求めよ．

(1) $P(0 \leqq X \leqq k) = 0.243$ 　　(2) $P(k \leqq X \leqq 0) = 0.343$

(3) $P(X \geqq k) = 0.729$ 　　(4) $P(X < k) = 0.216$

13. 確率変数 X に対して次の確率を求めよ．

(1) X が $N(5, 16)$ に従うときの $P(0 < X < 10)$．

(2) X が $N(-3, 36)$ に従うときの $P(X > 1)$．

(3) X が $N(-5, 5)$ に従うときの $P(X > -9)$．

14. 確率変数 X に対して次の k の値を求めよ．

(1) X が $N(5, 16)$ に従うときの $P(5 \leqq X \leqq k) = 0.25$ を満たす k．

(2) X が $N(-2, 25)$ に従うときの $P(X \leqq k) = 0.625$ を満たす k．

(3) X が $N(3, 40)$ に従うときの $P(k < X) = 0.121$ を満たす k．

15. 100 点満点の数学の試験の受験者は 1 万人で，平均 45 点，標準偏差 20 点であった．この試験の得点が正規分布に従うとき，次の問いに答えよ．

(1) 50 点の受験者は上からおよそ何番目か．

(2) 得点順位が 3000 番目の受験者の得点はおよそ何点か．

16. ある年の新成人の男性 65 万人の身長を調べたところ，平均 $171\,\mathrm{cm}$，標準偏差 $6\,\mathrm{cm}$ であった．新成人男性の身長が正規分布に従うとき，次の問いに答えよ．

(1) 身長 $160\,\mathrm{cm}$ の新成人男性は，身長が高いほうから数えておよそ何番目か．

(2) 高いほうから数えて 20 万人目の新成人男性の身長はおよそ何 cm か．

17. 100 回硬貨を投げるとき，表が 60 回以上出る確率を二項分布の正規近似を用いて求めよ．

18. さいころを 120 回投げるとき，1 の目が出る回数が 24 回以下である確率を二項分布の正規近似を用いて求めよ．

19. 当たる確率が $1/20$ のくじを 100 本引くとき，10 本以上当たる確率を二項分布の正規近似を用いて求めよ．

20.　同時確率分布が下表で与えられる確率変数 X, Y について，$P(X = 0, Y = 5)$，$P(X \leqq 1)$，$P(1 \leqq X + Y \leqq 5)$ を求めよ．また，共分散と相関係数を求め，X と Y が独立であるか調べよ．

Y ＼ X	0	2
0	$\dfrac{1}{9}$	$\dfrac{2}{9}$
5	$\dfrac{2}{9}$	$\dfrac{4}{9}$

21.　同時確率分布が下表で与えられる確率変数 X, Y について，$P(X = 1, Y = -2)$，$P(X + Y \geqq 0)$，$P(|X| + |Y| \geqq 4)$ を求めよ．また，共分散と相関係数を求め，X と Y が独立であるか調べよ．

Y ＼ X	-2	-1	1	4
-2	$\dfrac{1}{9}$	$\dfrac{2}{9}$	0	$\dfrac{1}{9}$
2	0	$\dfrac{1}{9}$	$\dfrac{3}{9}$	$\dfrac{1}{9}$

22.　さいころを 1 回投げたときに出る目を X，出る目の -2 倍を Y とする．このとき，X, Y の同時確率分布，周辺確率分布，共分散，相関係数を求めよ．また，X と Y が独立であるか調べよ．

23.　さいころを 1 回投げたときに出る目に含まれる 2 の因数の数を X，3 の因数の数を Y とする．このとき，X, Y の同時確率分布，周辺確率分布，共分散，相関係数を求めよ．また，X と Y が独立であるか調べよ．

24.　同時確率密度関数が次で与えられる確率変数 X, Y について，$P(X \geqq 1, Y \geqq 1)$，$P(X + Y \geqq 2)$ を求めよ．また，周辺確率密度関数，共分散，相関係数を求め，X と Y が独立であるか調べよ．

(1)　$p(x, y) = \begin{cases} \dfrac{1}{9} xy & (0 \leqq x \leqq 2, 0 \leqq y \leqq 3) \\ 0 & (その他) \end{cases}$

(2)　$p(x, y) = \begin{cases} \dfrac{1}{8}(x + y) & (0 \leqq x \leqq 2, 0 \leqq y \leqq 2) \\ 0 & (その他) \end{cases}$

(3)　$p(x, y) = \begin{cases} \dfrac{1}{18} xy & (-2 \leqq x \leqq 2, -3 \leqq y \leqq 3, xy \geqq 0) \\ 0 & (その他) \end{cases}$

25. 同時確率密度関数が $p(x,y) = \dfrac{1}{\pi} e^{-(x^2+y^2)}$ で与えられる確率変数 X, Y について，周辺確率密度関数，共分散，相関係数を求めよ．また，X と Y が独立であるか調べよ．

26. A クラスの試験の得点は平均 45 点，標準偏差 16 点の正規分布に従っており，B クラスの試験の得点は平均 50 点，標準偏差 12 点の正規分布に従っている．この 2 つのクラスからそれぞれ無作為に 1 名の生徒を選んだとき，A クラスの生徒の得点が B クラスの生徒の得点を上回る確率を求めよ．

27. ある飲料水メーカーが生産しているジュース 1 缶の内容量は平均 335 ml，標準偏差 5 ml の正規分布に従っている．このジュース 3 缶の内容量の合計が 1000 ml 以上である確率を求めよ．

28. 期待値が 10，標準偏差が 3 のすべての確率変数 X に対して $P(|X-10| < k) \geqq 0.95$ が成り立つには定数 k をどんな値以上にすればよいかをチェビシェフの不等式を用いて調べよ．

29. ある実験の測定値は平均 45.8，標準偏差 5.2 の連続型確率変数であることが知られている．この実験を 60 回繰り返すとき，測定値の算術平均が 46 以上 48 以下となる確率を求めよ．

2
データの整理

　租税などを目的とした人口統計の歴史は古く，古代ローマや中国の前漢までさかのぼるといわれる．近代になると，ナポレオンはフランスに統計局を設置して政策立案に利用し，ナイチンゲールはデータをグラフによって視覚化し，イギリス兵の主な死因が治療時の衛生状態の悪さにあることを明らかにした．現在では，統計データの有用性が広く認識されており，政府や自治体が人口以外にも世帯や企業などに関する膨大なデータを無料で公開したり，企業がサイト訪問者の年齢や性別などのデータを分析して，経営戦略に活かしたりしている．

　この章では，調査や実験などにより得られたデータを整理して，データの中心的な位置やばらつきを1つの値で数値化したり，グラフを用いて視覚化することで，得られたデータから調査や実験対象全体の傾向を把握することを目的とする記述統計の手法を学ぶ．

2.1　1変量のデータ

　調査や実験により得られるデータには，人間の身長や血液型や嗜好，車の馬力や燃費や販売価格，農作物の収穫量や重さや品質など，性質の異なる様々な種類のものがある．この章では，これら性質の異なるデータの中から，例えば身長という1つの性質だけに着目して，そのデータから調査や実験対象全体の傾向を知る方法を学ぶ．

2.1.1 変量と度数

統計学の関心事は，調査や実験の対象となる集団の個々の要素の性質そのものではなく，集団全体の傾向を知ることにより，何らかの情報や知識や判断基準を得ることである．そのためには，集団に対して調査や実験などを行いデータを収集することが必要である．

■ **質的データと量的データ**　データを収集するために行う調査や実験などを**観測**といい，観測して得られる値を**観測値**という．データには2種類あり，数値として観測できないものを**質的データ**，数値として観測できるものを**量的データ**という．質的データは，性別や天気のように分類を表す**名義尺度**と，地震の震度や学業成績のように分類の順序が意味をもつ**順序尺度**に分けられる．一方，量的データは，摂氏温度や時刻のように順序だけでなく間隔に意味をもつ**間隔尺度**と，長さや重さのように順序や間隔だけでなく比にも意味をもつ**比尺度**に分けられる．例えば，あるクラスの学生に関するデータが表 2.1 で与えられたとする．この場合，性別の男女いずれかや血液型が何型かは質的データであり，身長が何 cm かや体重が何 kg か，欠席日数が何日かは量的データである．本書では主に量的データを取り扱う．

表 2.1　データの例

学籍番号	性別	血液型	身長 [cm]	体重 [kg]	欠席日数
001	男	A	165.2	72.3	2
002	女	B	158.4	56.5	0
003	男	AB	178.3	69.2	1

■ **変量と観測値**　表 2.1 の身長，体重，欠席日数のように，いろいろな値をとる数量を**変量**という．すなわち，データは変量を観測して得られた観測値の集まりである．整数値をとる欠席日数のように，とびとびの値しかとらない変量を**離散型変量**，身長や体重のように，ある区間のどんな値でもとることができる変量を**連続型変量**という．変量を X，Y などの大文字で表す．表 2.1 において，各学生に対して，身長のデータだけに着目すれば変量の個数は 1 であるが，身長と体重のデータ両方に着目すれば変量の個数は 2 となる．このように，観測を行う対象 (個体) 毎に 1 つの変量を考えるときは 1 変量，2 つの変量を考えるときは 2 変量という．特に，変量が 2 つ以上の場合は**多変量**という．

■ **度数の分布**　変量 X のとりうる値を含む区間をいくつかの等間隔の区間に分けて，それらの区間に属するデータの個数を調べて整理すると，便利なことが多い．例えば，実数 $a_0, a_1, \cdots, a_k$ $(a_0 < a_1 < \cdots < a_k)$ を等間隔にとり，a_{i-1} 以上 a_i 未満の各区間 (これ以降，この区間を簡単ために $a_{i-1} \sim a_i$ で表す) に属するデータの数を f_i とする．このとき，各区間を**階級**といい，階級に属するデータの個数 f_i を**度数**という．度数の合計はデータの総数 n に等しいので，$f_1 + f_2 + \cdots + f_k = n$ が成り立つ．各階級毎の度数を表にまとめたものを**度数分布表**といい，それをグラフで表したものを**ヒストグラム**または**度数分布図**という．とりうる値の種類が少ない離散型変量の場合は，変量のとりうる値そのものを，階級の代わりに用いる場合もある．度数分布表をつくり，それをヒストグラムで図示すれば，データを視覚的にもわかりやすく整理できる．なお，データの個数が n のとき，階級の個数 k は**スタージェスの公式**

$$k = 1 + \log_2 n$$

を目安に決めてよいことが知られている．各階級の中央の値

$$m_i = \frac{a_{i-1} + a_i}{2} \quad (i = 1, 2, \cdots, k)$$

をその階級の**階級値**といい，各度数 f_i をデータの個数 n で割った値 f_i/n $(i = 1, 2, \cdots, k)$ を**相対度数**という．また，$f_1 + f_2 + \cdots + f_i$ $(i = 1, 2, \cdots, k)$ を**累積度数**，$(f_1 + f_2 + \cdots + f_i)/n$ $(i = 1, 2, \cdots, k)$ を**累積相対度数**という．これらを度数分布表に加えれば，データの特徴をより把握しやすくなる．

例題 1　ある畑で収穫した小玉すいか 20 個の重さ [kg] を測定して得られた次のデータの階級値，度数，相対度数，累積度数，累積相対度数を度数分布表にまとめ，ヒストグラムをかけ．

1.35	1.37	2.20	1.81	1.36	1.67	1.81	2.01	1.56	1.59
2.12	1.65	1.77	1.45	1.44	1.83	1.40	1.55	1.63	1.72

解　データ数は $n = 20$ なので，スタージェスの公式より，$k = 5.32\cdots$ となる．データを見ると，最小値は 1.35，最大値は 2.20 である．そこで，それらの差を $k = 5.32\cdots$ の近似値である 5 で割ると $(2.20 - 1.35)/5 = 0.17$ となるが，度数分布表を見やすくするために，階級の幅を 0.20 とする．例えば，最初の階級を $1.20 \sim 1.40$ とすると，度数分布表は表 2.2，ヒストグラムは図 2.1 のようになる．このように階級の個数や幅は，度数分布表の見やすさを考慮して，ある程度自由に決めてよい．　□

表 2.2　例題 1 の小玉すいかの度数分布表

階　　級	階級値	度数	相対度数	累積度数	累積相対度数
$1.20 \sim 1.40$	1.30	3	0.15	3	0.15
$1.40 \sim 1.60$	1.50	6	0.30	9	0.45
$1.60 \sim 1.80$	1.70	5	0.25	14	0.70
$1.80 \sim 2.00$	1.90	3	0.15	17	0.85
$2.00 \sim 2.20$	2.10	2	0.10	19	0.95
$2.20 \sim 2.40$	2.30	1	0.05	20	1.00
計		20	1		

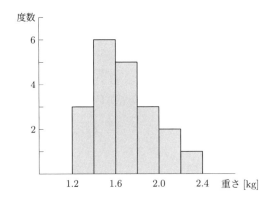

図 2.1　例題 1 の小玉すいかのヒストグラム

問 1　ある果樹園で収穫したりんご 30 個の重さ [g] を測定して得られた次のデータの階級値，度数，相対度数，累積度数，累積相対度数を度数分布表にまとめ，ヒストグラムをかけ．

282	267	271	277	275	284	282	264	273	269
285	276	274	267	285	266	276	264	281	267
271	262	285	260	272	284	277	268	274	270

2.1.2 代 表 値

　度数分布表やヒストグラムは，データの特徴を視覚的に表現する際に役に立つ．一方，平均，中央値，最頻値などの**代表値**は，データの中心的な位置を客観的に示す数値として利用される．

■**平　均**　変量 X を観測して，データ $x_1, x_2, \cdots, x_n$ を得たとする．この
とき，

$$\bar{x} = \frac{x_1 + x_2 + \cdots + x_n}{n} \tag{2.1}$$

を X の**平均**という．変量 X のデータが表 2.3 で与えられた場合は，観測値 v_1,
$v_2, \cdots, v_k$ とその度数 $f_1, f_2, \cdots, f_k$ から，X の平均が

$$\bar{x} = \frac{v_1 f_1 + v_2 f_2 + \cdots + v_k f_k}{f_1 + f_2 + \cdots + f_k}$$

で計算できる．

表 2.3　変量 X の観測値と度数

変量 X の観測値	v_1	v_2	$\cdots$	v_k
度　数	f_1	f_2	$\cdots$	f_k

また，表 2.4 のような度数分布表で変量 X のデータが与えられた場合は，X
の平均の正確な値は計算できないが，階級値 $m_1, m_2, \cdots, m_k$ を利用して，そ
の近似値が

$$\frac{m_1 f_1 + m_2 f_2 + \cdots + m_k f_k}{f_1 + f_2 + \cdots + f_k} \tag{2.2}$$

で計算できる．各階級の幅 $d = a_i - a_{i-1}$ は一定なので，各観測値とその観測
値が含まれる階級の階級値 m_i との誤差は $d/2$ 以下に収まる．そのため，(2.1)
で定義される平均 $\bar{x}$ と (2.2) で計算される値との誤差は $d/2$ 以下となる．

表 2.4　変量 X の階級値と度数

階　級	$a_0 \sim a_1$	$a_1 \sim a_2$	$\cdots\cdots$	$a_{k-1} \sim a_k$
階級値	m_1	m_2	$\cdots\cdots$	m_k
度　数	f_1	f_2	$\cdots\cdots$	f_k

例題 2　例題 1 の小玉すいかのデータから平均を求めよ．また，表 2.2 の度
数分布表の階級値を利用して平均の近似値を求め，両者を比較せよ．

解　データから平均 $\bar{x}$ を計算すると

$$\bar{x} = \frac{1}{20}\big(1.35 + 1.37 + 2.20 + 1.81 + 1.36 + 1.67 + 1.81 + 2.01$$
$$+ 1.56 + 1.59 + 2.12 + 1.65 + 1.77 + 1.45 + 1.44$$

$$+ 1.83 + 1.40 + 1.55 + 1.63 + 1.72\big)$$
$$= 1.6645$$

となる．一方，表 2.2 の度数分布表の階級値を利用すると

$$\frac{1}{20}\big(1.30 \times 3 + 1.50 \times 6 + 1.70 \times 5 + 1.90 \times 3$$
$$+ 2.10 \times 2 + 2.30 \times 1\big) = 1.68$$

となる．これらの誤差は $|1.68 - 1.6645| = 0.0155$ で，階級の幅の半分 0.10 よりも小さい．　□

問 2　問 1 のりんごのデータから平均を求めよ．また，度数分布表の階級値を利用して平均の近似値を求め，両者を比較せよ．

■ **数値計算における留意点**　統計では，ここで述べる平均のほかに，データに対して分散や相関係数などの様々な統計量の計算を行う．統計調査で得られたデータには，測定誤差や調査上の誤差が含まれる．しかも，われわれが知りたいのは調査対象の全体的な傾向であり，個々の要素の詳細な性質ではない．それゆえ，データから統計量を計算する際に，不必要に多くの桁数まで求める必要はなく，調査の目的にかなうように数値を丸めてよい．そこで，以下では，計算結果の桁数が多い場合や無限小数になる場合には，四捨五入して適当な桁数まで求めることにする．また，

$$\frac{1}{3} = 0.3333\cdots, \quad \sqrt{6} = 2.4494\cdots, \quad \frac{231}{3125} = 0.07392$$

などの数値を丸めて近似値とするとき，そのことを特に明記せずに

$$\frac{1}{3} = 0.333, \quad \sqrt{6} = 2.45, \quad \frac{231}{3125} = 0.074$$

などと書くことにする．

一方，統計量の計算は実際には何段階かに分けて行われることが多い．そこで，数値を丸めたことによる影響を小さくするために，途中の段階では十分に多くの桁数まで計算したり，分数に直して計算して，最後に四捨五入して数値を丸めるほうが安全である．

■ **様々な平均**　データ $x_1, x_2, \cdots, x_n$ が正の実数の場合には，**調和平均**

$$x_{\mathrm{H}} = n\left(\frac{1}{x_1} + \frac{1}{x_2} + \cdots + \frac{1}{x_n}\right)^{-1} \tag{2.3}$$

や**幾何平均**

$$x_{\mathrm{G}} = (x_1 x_2 \cdots x_n)^{1/n}$$

なども定義できる. これらと区別するときは, (2.1) で計算される平均 $\bar{x}$ を**算術平均**という. 算術平均, 調和平均, 幾何平均の間には

$$x_{\mathrm{H}} \leqq x_{\mathrm{G}} \leqq \bar{x}$$

という関係がある. また, 以下の例題が示すように, これら三種の平均は用途に応じて使い分ける必要がある.

例題 3 ある区間を毎日 10 往復する路線バスの平均時速 [km/h] を 1 往復毎に調査したところ, 次のデータを得た.

35　27　39　32　35　29　32　30　32　34

調査日にこの区間を往復した路線バスの平均時速を求めよ. また, 求めた平均時速が各往復での平均時速の調和平均に等しいことを確かめ, 平均時速の算術平均と比較せよ.

解 路線バスの平均時速は, 総走行距離を総走行時間で割れば得られる. そこで, この区間の往復距離を r [km] とし, 調査日の総走行時間 t [h] をデータから計算すると,

$$t = \frac{r}{35} + \frac{r}{27} + \frac{r}{39} + \frac{r}{32} + \frac{r}{35} + \frac{r}{29} + \frac{r}{32} + \frac{r}{30} + \frac{r}{32} + \frac{r}{34}$$

となる. 走行距離の合計は $10r$ なので, 路線バスの平均時速は

$$\frac{10r}{t} = 10 \left(\frac{1}{35} + \frac{1}{27} + \frac{1}{39} + \frac{1}{32} + \frac{1}{35} + \frac{1}{29} + \frac{1}{32} + \frac{1}{30} + \frac{1}{32} + \frac{1}{34} \right)^{-1}$$
$$= 32.2$$

となる. 上式の最初の等号の右辺と (2.3) を比較すれば, 路線バスの平均時速は, 各往復での平均時速の調和平均になっていることがわかる. また, (2.1) より, 各往復での平均時速の算術平均は 32.5 なので, 調和平均より大きい. □

この例題のように, 調和平均は, 個々の平均速度から全体の平均速度を求める場合などに用いられる.

問 3 ある日に N 駅からある施設まで乗客を運んだタクシーは全部で 8 台で, その平均時速 [km/h] を調査したところ, 次のデータを得た.

32　25　22　27　20　26　28　30

調査日にこの区間を走行した全タクシーの平均時速を求めよ. また, 平均時速の算術平均と比較せよ.

一方，幾何平均は，ある時点を基準としたときの他の時点での価格の比 (物価指数) や人口増減率など，比率の平均を求める際に適している.

例題 4　長野県内における外国人延べ宿泊数の前年比の増加率は，平成 28 年度が 21.8%，平成 29 年度が 17.4%，平成 30 年度が 18.8%だった (出典: 長野県観光関連統計「外国人延宿泊者数調査」). この 3 年間の外国人延べ宿泊数の平均増加率を求めよ. また，平均増加率が幾何平均を用いて計算されることを確かめ，増加率の算術平均と比較せよ.

解　求めるのは平均増加率なので，増加率の算術平均を求めても正しい答えは得られない. 平成 27 年度の宿泊数を 1 とすると，平成 28 年度は $(1 + 0.218)$ 倍，平成 29 年度は $(1 + 0.174)(1 + 0.218)$ 倍，平成 30 年度は $(1 + 0.188)(1 + 0.174)(1 + 0.218)$ 倍になっている. よって，3 年間では，平成 27 年度の宿泊数の $(1 + 0.188)(1 + 0.174)(1 + 0.218)$ 倍になっている. これを前年比 g 倍で毎年推移したと考えると，

$$g^3 = (1 + 0.188) \times (1 + 0.174) \times (1 + 0.218)$$

なので，

$$g = (1.188 \times 1.174 \times 1.218)^{1/3} = 1.1932$$

となる. 上式の右辺は前年比の幾何平均にほかならない. 宿泊数は平均して前年比 1.1932 倍になっているので，前年比の平均増加率を百分率で表せば，$(1.1932 - 1) \times 100 = 19.32\%$となる. また，増加率の算術平均を四捨五入して小数点以下 2 桁まで求めると 19.33%なので，幾何平均より大きい.　□

問 4　2016 年から 2019 年までの日本の総人口の増減率は以下のとおりであった. この 4 年間の日本の総人口の平均増減率を求めよ. また，増減率の算術平均と比較せよ.

年	2016	2017	2018	2019
増減率 [%]	-0.13	-0.18	-0.21	-0.22

■ **中央値と最頻値**　変量 X のデータを小さい順に

$$x_1 \leqq x_2 \leqq \cdots \leqq x_n$$

と並べたとき，中央に位置するデータの値を**中央値** (メディアン) という. 正確には，データの個数が奇数 $n = 2k + 1$ (k は自然数) ならば，ちょうど中央に位置する x_{k+1} を中央値とする. 一方，偶数 $n = 2k$ ならば，中央に位置する 2 つの値 x_k と x_{k+1} の算術平均 $(x_k + x_{k+1})/2$ を中央値とする.

　度数分布表において，その度数が最大となる階級の階級値を**最頻値** (モード) という．最頻値は，度数が最大となる階級がいくつかある場合は 1 つに定まらず，そのような場合は代表値としては適さない．また，同じデータでも階級のとり方によっては異なる値となる．

　厚生労働省の平成 29 年の国民生活基礎調査によれば，1 世帯当たりの所得金額の中央値は 442 万円，最頻値は 350 万円で，平均所得 560 万 2 千円を下回る世帯は 61.5%である (表 2.5)．中央値 442 万円が平均 560 万 2 千円をかなり下回るのは，一部の富裕層の所得に平均が影響を受けているからである．このように，データが大きくかけ離れた数値 (外れ値) を含んでいるときは，平均より中央値のほうがより適切な代表値となる．また，最頻値 350 万円は中央値 442 万円よりさらに下回っている．最頻値はデータの中で最も大きな割合を占める世帯の所得であることを考慮すれば，経済対策においては，最頻値に属する世帯に目を向けた施策を立案するのが効果的かもしれない．

表 2.5　世帯別所得の相対度数分布表 (2017 年調査)

階級 [百万円]	$0 \sim 1$	$1 \sim 2$	$2 \sim 3$	$3 \sim 4$	$4 \sim 5$	$5 \sim 6$	$6 \sim 7$
相対度数 [%]	5.6	12.3	13.3	13.8	10.6	8.9	7.4

階級 [百万円]	$7 \sim 8$	$8 \sim 9$	$9 \sim 10$	$10 \sim 11$	$11 \sim 12$	$12 \sim 13$
相対度数 [%]	6.2	5.6	3.6	3.0	2.2	1.9

階級 [百万円]	$13 \sim 14$	$14 \sim 15$	$15 \sim 16$	$16 \sim 17$	$17 \sim 18$
相対度数 [%]	1.1	1.1	0.7	0.5	0.4

階級 [百万円]	$18 \sim 19$	$19 \sim 20$	$20 \sim$
相対度数 [%]	0.2	0.2	1.3

　図 2.2 のヒストグラムからわかるように，左から順に最頻値，中央値，平均の順に並んでいる．一般に，図 2.2 のように山の峰 (最頻値) が左側に寄っていて，右側に裾が長い右に歪んだ分布では，

$$最頻値 \leqq 中央値 \leqq 平均$$

という大小関係が成り立つ．また，峰が右側に寄っていて，左側に裾が長い左に歪んだ分布では，逆の関係

$$平均 \leqq 中央値 \leqq 最頻値$$

が成り立つ．

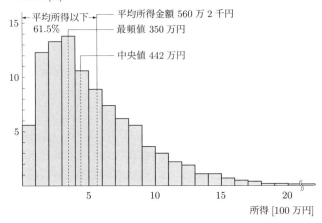

図 2.2　世帯別所得のヒストグラム

例題 5　例題 1 の小玉すいかのデータから中央値を求めよ. また, 表 2.2 の度数分布表から最頻値を求めよ.

解　データ数が 20 なので, 小さい順に並べたときに 10 番目と 11 番目の値の平均をとればよい. 表 2.2 の度数分布表をみると, 階級 1.40 ～ 1.60 の累積度数が 9 なので, その次の階級 1.60 ～ 1.80 に 10 番目と 11 番目のデータが含まれる. 該当するデータは 1.63 と 1.65 なので, 求める中央値は $(1.63 + 1.65)/2 = 1.64$ である. また, 最も度数が大きいのは階級 1.40 ～ 1.60 なので, その階級値 1.50 が最頻値である.　□

問 5　問 1 のりんごのデータから中央値を求めよ. また, 問 1 で作成した度数分布表から最頻値を求めよ.

■ **データの種類と代表値**　これまでは数値として観測できる量的データに対して, 平均, 中央値, 最頻値などの代表値を考えてきたが, これらの代表値の中には質的データに対しても考察可能なものもある. 例えば, じゃんけんを 100 回行ったときの各回に出した手 (グー, チョキ, パー) を観測して得られるデータを考える. じゃんけんの手は数値ではないので質的データであるが, グー, チョキ, パーの出た回数に注目すれば, 量的データと同様に表 2.6 の度数分布表にまとめることができる. 表 2.6 で度数が最大なのはチョキなので, 最頻値はチョキである. このように, 質的データであっても, 最頻値は定義可能である.

表 2.6 じゃんけんの手の回数の度数分布表

手	グー	チョキ	パー
回　数	28	42	30

　質的データには，観測値が性別や天気のように分類を表す名義尺度で与えられるものと，地震の震度や学業成績のように分類の順序が意味をもつ順序尺度で与えられるものがある．じゃんけんではグーはチョキに勝つがパーには負ける．よって，個々のデータの順序は定まらないので，じゃんけんの手の観測で得られるデータは順序尺度ではなく名義尺度である．中央値は観測値の順序関係から定まるので，順序尺度で与えられたデータに対しては定義できるが，名義尺度で与えられたデータでは意味をもたない．また，質的データでは四則演算ができないので，平均も意味をもたない．もちろん，グー，チョキ，パーに1，2，3のような数値を仮に対応させれば，表 2.6 から便宜的に，中央値はチョキで，平均は 2.02 ということはできる．しかし，対応させる数値を変えれば中央値は変わるし，平均にしても 2.02 に対応するじゃんけんの手があるわけでもなく意味がない．

　一方，量的データのうち，間隔尺度で与えられるものの例として温度がある．例えば，長野市と軽井沢町の気温がそれぞれ 10°C と 2°C のとき，軽井沢町の気温は長野市より 8°C 低いという表現は一般的だが，長野市の気温は軽井沢町の5倍であるという表現は使われない．上記の気温を絶対温度の単位であるケルビン (単位記号は K) で表せば 283K と 275K になることからもわかるように，このデータについて比を考えることには意味がない．このため，間隔尺度で与えられたデータに対して，比を求めるための乗算や除算を行うことは少ない．以上をふまえて，データの種類と代表値の関係をまとめると表 2.7 のようになる．

表 2.7 データの種類と代表値

データの種類	尺度水準	順序	四則演算	平均	中央値	最頻値
質的データ	名義尺度	×	×	×	×	○
	順序尺度				○	
量的データ	間隔尺度	○	加減	○	○	
	比尺度		加減乗除			

2.1.3 散 布 度

平均，中央値，最頻値などの代表値はデータの中心的な位置を示す数値である．一方，データのばらつき具合を表すには，平均偏差，分散，標準偏差，四分位数などの**散布度**が利用される．

■ **偏 差** 変量 X のデータ x_1, x_2, $\cdots$, x_n の算術平均を $\bar{x}$ とするとき，各観測値と平均の隔たりを表す量 $x_i - \bar{x}$ を**偏差**という．偏差の総和は

$$(x_1 - \bar{x}) + (x_2 - \bar{x}) + \cdots + (x_n - \bar{x}) = (x_1 + x_2 + \cdots + x_n) - n\bar{x} = 0$$

なので，偏差の平均は常に 0 となる．しかし，偏差の絶対値の総和は一般には 0 とは限らないので，その算術平均で定義される**平均偏差**

$$d = \frac{1}{n}\left\{|x_1 - \bar{x}| + |x_2 - \bar{x}| + \cdots + |x_n - \bar{x}|\right\}$$

は散布度の一つである．同様に，偏差の 2 乗の算術平均である**分散**

$$S^2 = \frac{1}{n}\left\{(x_1 - \bar{x})^2 + (x_2 - \bar{x})^2 + \cdots + (x_n - \bar{x})^2\right\}$$

はよく用いられる散布度である．観測値と単位をそろえたいときは，分散の正の平方根である**標準偏差**

$$S = \sqrt{S^2}$$

を用いればよい．実際，平均偏差と標準偏差は観測値と同じ単位をもつが，分散は偏差を 2 乗するために単位が変わってしまう．例えば，観測値の単位が [cm] であれば，平均偏差や標準偏差の単位も [cm] であるが，分散の単位は [cm^2] である．理論的な扱いやすさや計算のしやすさのために，平均偏差より分散や標準偏差が散布度として利用されることが多い．

平均と同様に，データが表 2.3 の度数分布表で与えられた場合には，観測値 v_1, v_2, $\cdots$, v_k とその度数 f_1, f_2, $\cdots$, f_k を用いて，

$$S^2 = \frac{(v_1 - \bar{x})^2 f_1 + (v_2 - \bar{x})^2 f_2 + \cdots + (v_k - \bar{x})^2 f_k}{f_1 + f_2 + \cdots + f_k} \tag{2.4}$$

で分散が計算できる．また，表 2.4 の度数分布表で与えられた場合は，(2.4) における観測値 v_1, v_2, $\cdots$, v_k を階級値 m_1, m_2, $\cdots$, m_k に置き換えることで，分散の近似値を求めることができる．

例題 6 例題 1 の小玉すいかのデータから，平均偏差，分散，標準偏差を求めよ．また，表 2.2 の度数分布表から，分散の近似値を求めよ．

解　例題 1 のデータから，平均は 1.6645 なので，平均偏差 d，分散 S^2，標準偏差 S はそれぞれ

$$d = \frac{1}{20}\big(|1.35 - 1.6645| + |1.37 - 1.6645| + \cdots + |1.72 - 1.6645|\big)$$

$$= 0.19595,$$

$$S^2 = \frac{1}{20}\big\{(1.35 - 1.6445)^2 + (1.37 - 1.6645)^2$$

$$+ \cdots + (1.72 - 1.6645)^2\big\} = 0.058665,$$

$$S = \sqrt{S^2} = 0.2422$$

となる．また，表 2.2 の度数分布表から求めた平均の近似値は 1.68 なので，分散の近似値は，

$$S^2 = \frac{1}{20}\big\{(1.3 - 1.68)^2 \times 3 + (1.5 - 1.68)^2 \times 6$$

$$+ \cdots + (2.3 - 1.68)^2 \times 1\big\} = 0.0756$$

となる．　□

問 6　日本の成人男性 8 人の身長 [cm] を測ったところ，次のデータを得た．このデータの平均偏差，分散，標準偏差を求めよ．

　　172.5　　168.2　　160.3　　180.6　　171.5　　176.2　　165.3　　174.2

■ **変動係数**　平均の値が大きく異なっていたり，単位が異なる 2 つのデータの散布度を比較する際は注意が必要である．例えば，象と人間の体重のばらつきを比較したり，収穫されたりんごの重さと売値のばらつきを比較する際に，散布度として単純に分散を用いるのは望ましくない．実際，観測値が大きいと平均や分散の値も大きくなり，単位が異なれば単純に分散どうしを比較できないからである．そこで，平均の大小や単位の違いを考慮に入れた散布度として，**変動係数**または**相対標準偏差**

$$\mathrm{C.V.} = \frac{S}{\bar{x}}$$

が用いられる場合がある．定義から変動係数は単位をもたない無名数であり，百分率で表すこともある．変動係数は，量的データに対して計算可能であるが，比に関する数値であるため，2.1.2 項で述べたように比尺度で与えられるデータにのみ用いるほうがよい．

例題 7　シャインマスカット 10 粒の重さ [g] を量って得られたデータは

　　8.5　　9.2　　8.8　　9.3　　9.5　　8.2　　9.3　　8.6　　9.0　　8.1

である. このデータの変動係数を求めよ. また, 例題 1 の小玉すいかのデータ
の変動係数を求め, シャインマスカットと小玉すいかの重さのばらつき具合を
比較せよ.

解　シャインマスカットのデータから平均と標準偏差を求めると, $\bar{x} = 8.85$,
$S = 0.463$ となる. これより, 変動係数は

$$\text{C.V.} = \frac{S}{\bar{x}} = \frac{0.463}{8.85} = 0.0523$$

である. また, 例題 2 と例題 6 の計算結果より, 小玉すいかの平均と標準偏差
は $\bar{x} = 1.6645$, $S = 0.2422$ なので, 変動係数は

$$\text{C.V.} = \frac{S}{\bar{x}} = \frac{0.2422}{1.6645} = 0.1455$$

となる. 単純に標準偏差で比較すると, シャインマスカットのほうが小玉すい
かより重さのばらつき具合が大きいという結果が得られるが, 変動係数の計算
結果からは, 小玉すいかのほうがばらつき具合が大きいことがわかる.　　□

問 7　問 6 のデータの変動係数を求めよ.

■ **四分位数**　変量 X のデータを小さい順に

$$x_1 \leqq x_2 \leqq \cdots \leqq x_n$$

と並べたとき, 小さいほうから 1/4 の位置にあるデータを**第 1 四分位数**とい
い, Q_1 で表す. また, 小さいほうから 3/4 の位置にあるデータを**第 3 四分位
数**といい, Q_3 で表す. 四分位数を正確に定義するには, データ数 n が偶数の
場合と奇数の場合で分けて考える必要がある. n が偶数のときは, 小さいほう
半分のデータ x_1, $\cdots$, $x_{n/2}$ の中央値が第 1 四分位数, 大きいほう半分のデー
タ $x_{n/2+1}$, $\cdots$, x_n の中央値が第 3 四分位数である. また, n が奇数の場合は,
ちょうど真ん中のデータ $x_{(n+1)/2}$ より小さいほうのデータ x_1, $\cdots$, $x_{(n-1)/2}$ の
中央値が第 1 四分位数, 大きいほうのデータ $x_{(n+3)/2}$, $\cdots$, x_n の中央値が第 3
四分位数となる. なお, 第 2 四分位数は中央値のことである. Q_3 と Q_1 の差
$Q = Q_3 - Q_1$ を**四分位偏差**といい, データが大きくかけ離れた値 (外れ値) を
含んでいる場合の散布度としてよく用いられる.

■ **箱ひげ図** 与えられたデータの平均，中央値，第1四分位数，第3四分位数，最大値，最小値をまとめて図に表したものを**箱ひげ図**という．箱ひげ図を用いれば，データの代表値や散布度を一体的に把握できる．

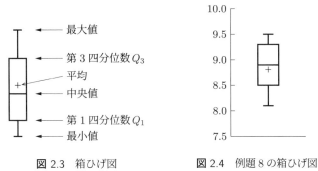

図 2.3 箱ひげ図　　　　図 2.4 例題8の箱ひげ図

例題8 例題7のデータの箱ひげ図をかけ．

解 例題7より，平均は $\bar{x} = 8.85$ である．データを小さい順に並べると，

$$8.1 \quad 8.2 \quad 8.5 \quad 8.6 \quad 8.8 \quad 9.0 \quad 9.2 \quad 9.3 \quad 9.3 \quad 9.5$$

となるので，最小値は 8.1，第1四分位数は 8.5，中央値は 8.9，第3四分位数は 9.3，最大値は 9.5 である．よって，箱ひげ図は図 2.4 のようになる．　□

問8 問6の成人男性の身長のデータの箱ひげ図をかけ．

■ **データの種類と代表値および散布度** これまでに紹介した代表値および散布度とデータの種類との関係をまとめると表 2.8 のようになる．なお，最もよく用いられる散布度は分散と標準偏差である．

表 2.8 データの種類と代表値および散布度

データの種類	尺度水準	代表値	散布度
質的データ	名義尺度	最頻値	
	順序尺度	最頻値，中央値	
量的データ	間隔尺度	最頻値，中央値 算術平均	分散，標準偏差
	比尺度	最頻値，中央値 算術・幾何・調和平均	分散，標準偏差 変動係数

2.1.4　データの変換

定数 a と b を用いて，変量 X を

$$Y = aX + b$$

と変換することを考える．変量 X を観測して得られるデータが x_1, x_2, $\cdots$, x_n のとき，その平均を $\bar{x}$，分散を S_x^2 で表す．このとき，変量 Y のとる値は $ax_1 + b$, $ax_2 + b$, $\cdots$, $ax_n + b$ なので，その平均 $\bar{y}$ は

$$\bar{y} = \frac{(ax_1 + b) + (ax_2 + b) + \cdots + (ax_n + b)}{n} = a\bar{x} + b$$

である．また，Y の分散 S_y^2 は

$$S_y^2 = \frac{1}{n}\left\{(ax_1 + b - \bar{y})^2 + \cdots + (ax_n + b - \bar{y})^2\right\} = a^2 S_x^2$$

となる．よって，X を

$$Z = \frac{X - \bar{x}}{S_x}$$

で変換して得られる変量 Z の平均は 0，分散は 1 となる．これを変量 X の**標準化**という．また，X を

$$T = 50 + 10 \cdot \frac{X - \bar{x}}{S_x}$$

で変換して得られる変量 T の平均は 50，分散は 100 で，標準偏差は 10 となる．この変量 T の値を**偏差値**といい，高校受験や大学受験での志望校選択の際に用いられている．

例題 9　数学の試験を行ったところ，平均点は 73 点，標準偏差は 14 点であった．この試験を受けたある生徒の得点が 82 点であるとき，この生徒の偏差値を求めよ．

解　偏差値の定義式より，$50 + 10 \cdot \dfrac{82 - 73}{14} = 56.4$ となる．　□

問 9　ある数学の試験の平均点は 45 点，標準偏差は 17 点であった．この試験の点数が 100 点の生徒と 0 点の生徒の偏差値をそれぞれ求めよ．

――――――――――――――――――― 問題 2.1 ―――――――――――――――――――

1.　ある大学で 20 歳男性 20 人の体重 [kg] を測定して次のデータを得た．このデータについて，次の問いに答えよ．

　　　64.4　70.2　58.7　67.7　78.5　56.3　66.4　60.8　71.9　73.6
　　　62.9　54.5　69.1　75.0　61.3　52.2　65.5　68.7　55.0　72.6

(1) 階級値，度数，相対度数，累積度数，累積相対度数を度数分布表にまとめよ．また，最頻値を求めよ．

(2) (1) で求めた度数分布表のヒストグラムをかけ．

(3) 平均と中央値を求めよ．

(4) 箱ひげ図をかけ．

2. ある数学のテストを受けた 10 人の成績 [点] を調べたところ，次のデータを得た．このデータについて，次の問いに答えよ．

　　　　72　65　52　88　90　76　46　56　64　75

(1) データの平均と中央値を求めよ．

(2) 平均偏差，分散，標準偏差，変動係数を求めよ．

(3) 90 点をとった人の偏差値を求めよ．

(4) 箱ひげ図をかけ．

3. ある年に収穫したサンマ 12 匹の重さ [g] を調べたところ，次のデータを得た．このデータの平均，分散，標準偏差を求めよ．

　　　135　144　128　120　136　138　146　127　131　135　140　141

4. 4 つの実数 2，4，8，16 の算術平均，幾何平均，調和平均を求めよ．

5. ある日の登山の平均時速は，登りは 1.5 km/h，下りは 2 km/h であった．この日の登山の平均時速を求めよ．

6. ある総理大臣の就任後 3 年間の GDP の前年比の増加率を調べたところ，1 年目は 1.2%，2 年目は 2.3%，3 年目は −2.0%であった．この 3 年間の GDP の平均増加率を求めよ．

2.2　多変量のデータ

　ここでは 2 つの変量 X と Y の関係性について，その有無や強弱を調べたり，関係がある場合には，X の値から Y の値を予測する方法を学ぶ．

2.2.1　相　　関

　例えば，X が身長，Y が体重の測定値を表す変量とすると，一般的には身長が高いほうが体重は重いので，X の値が大きいほど Y の値も大きくなることが予想される．

■ **散布図**　大学生 8 名の身長 X [cm] と体重 Y [kg] を測定し，次のデータを得たとする．

身長	160.2	174.2	168.3	178.6	166.9	172.0	182.4	169.7
体重	52.8	71.5	65.2	72.5	58.3	71.1	77.2	62.5

このとき，変量 X の値 x_i と変量 Y の値 y_i の組 (x_1, y_1), (x_2, y_2), $\cdots$, (x_8, y_8) を座標とみなし，XY 平面上にプロットしたのが図 2.5 である．この図を**散布図**といい，変量 X と Y の関係を視覚的にとらえる際に用いられる．

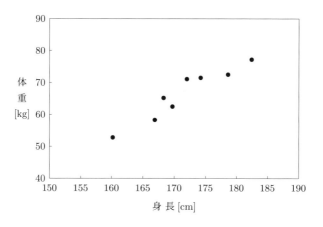

図 2.5　散　布　図

上記の大学生 8 名の身長と体重のデータの散布図では，プロットされた点は傾きが正の直線のまわりに密集しているように見える．一般に，図 2.6 の左図のように散布図上の点が正の傾きをもつ直線のまわりに密集しているとき，X

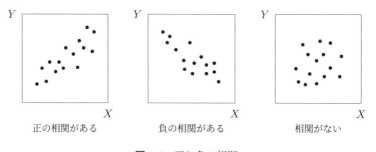

図 2.6　正と負の相関

と Y には**正の相関**があるといい，真ん中の図のように負の傾きをもつ直線のまわりに密集しているときは**負の相関**があるという．右図のように正の相関も負の相関もないときは**相関がない**という．

例題 10 数学と音楽の試験を行い，次のデータを得た．このデータの散布図をかき，数学の得点 X と音楽の得点 Y の関係について考察せよ．

数学の得点	57	75	62	68	81	97	66	89	80	62
音楽の得点	88	89	66	71	62	70	85	90	96	80

解 散布図は図 2.7 のようになる．数学の点数が高い場合でも低い場合でも，音楽の得点が高い人と低い人の両方がいるため，正の相関も負の相関も確認できない．そのため，X と Y の間の相関はないと考えられる． □

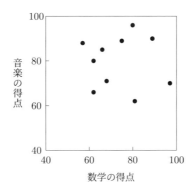

図 2.7 例題 10 の数学と音楽の成績の散布図

問 10 ある都市の最近 9 年の平均気温 [°C] と降雪量 [cm] を調べたところ，次のデータを得た．このデータの散布図をかき，平均気温 X と降雪量 Y の関係について考察せよ．

平均気温	12.9	13.0	11.9	13.1	12.8	11.9	12.3	12.1	12.0
降雪量	97	109	181	88	229	189	205	155	163

■ 共分散と相関係数 散布図では 2 つの変量 X と Y の相関を視覚的にとらえたが，これを数値化する方法を考える．データ $(x_1, y_1), (x_2, y_2), \cdots, (x_n, y_n)$ が得られたとする．X の平均を $\bar{x}$，Y の平均を $\bar{y}$ とするとき，

$$C_{xy} = \frac{1}{n} \sum_{i=1}^{n} (x_i - \bar{x})(y_i - \bar{y})$$

を X と Y の**共分散**という．また，X と Y の標準偏差 S_x，S_y の積で共分散を割った

$$r_{xy} = \frac{C_{xy}}{S_x S_y}$$

を X と Y の**相関係数**という．相関係数は X と Y の相関の強さを表す指標の一つである．

さらに，変量 X と Y を下表の同時確率分布をもつ確率変数と考えると，定義より

$$\bar{x} = E[X], \quad S_x^2 = V[X], \qquad \bar{y} = E[Y], \quad S_y^2 = V[Y],$$
$$C_{xy} = \gamma(X, Y), \quad r_{xy} = \rho(X, Y)$$

が成り立つ．このことから，第1章で述べた確率変数の期待値，分散，共分散，相関係数に関する定理が，データの平均，分散，共分散，相関係数である $\bar{x}$，S_x^2，C_{xy}，r_{xy} などにも適用できることがわかる．特に，第1章の定理13より，X と Y の相関係数 r_{xy} は

$$-1 \leqq r_{xy} \leqq 1$$

を満たす．

$\diagdown^{\textstyle X}_{Y}$	x_1	x_2	x_3	$\cdots$	x_n
y_1	$\dfrac{1}{n}$	0	0	$\cdots$	0
y_2	0	$\dfrac{1}{n}$	0	$\cdots$	0
y_3	0	0	$\dfrac{1}{n}$	$\cdots$	0
$\vdots$	$\vdots$	$\vdots$	$\vdots$	$\ddots$	$\vdots$
y_n	0	0	0	$\cdots$	$\dfrac{1}{n}$

■ **相関係数の正負と相関**　図 2.8 では，点 $(\bar{x}, \bar{y})$ をとおり，X 軸と Y 軸に平行な点線で散布図を4分割している．

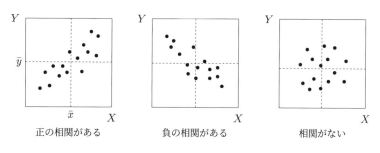

図 2.8　相関係数の正負と相関

　共分散の定義式の右辺にある**偏差積** $(x_i - \bar{x})(y_i - \bar{y})$ は，点 (x_i, y_i) を散布図上にプロットしたとき，点 $(\bar{x}, \bar{y})$ の右上または左下の区画にあるときに正の値をとり，右下または左上の区画にあるとき負の値をとる．共分散や相関係数の値が正のときは，偏差積が正となる点が多いと考えられるので，プロットされる点は点 $(\bar{x}, \bar{y})$ の右上と左下の区画に多くなる．それゆえ，散布図上の点の集団は右上がりに見え，正の相関をもつことになる．一方，共分散や相関係数の値が負のときは，偏差積が負の値をとる点が多くなるので，散布図上の点の集団は右下がりに見え，負の相関をもつことになる．そこで，変量 X と Y の相関係数 r_{xy} に対して，$r_{xy} > 0$ のときは X と Y には**正の相関**がある，$r_{xy} < 0$ のときは**負の相関**があるという．

　例題 11　例題 10 のデータから共分散と相関係数を求めよ．

　解　X と Y の平均はそれぞれ $\bar{x} = 73.7$，$\bar{y} = 79.7$ なので，共分散は

$$C_{xy} = \frac{1}{10}\big\{(57 - 73.7)(88 - 79.7) + (75 - 73.7)(89 - 79.7)$$
$$+ \cdots + (62 - 73.7)(80 - 79.7)\big\}$$
$$= -5.59$$

となる．また，X と Y の標準偏差はそれぞれ $S_x = 12.31$，$S_y = 11.07$ なので，相関係数は

$$r_{xy} = \frac{-5.59}{12.31 \times 11.07} = -0.041$$

である．　□

　問 11　問 10 のデータから共分散と相関係数を求めよ．

2.2.2 回帰分析

2つの変量 X と Y に何らかの関係がある場合，X の値から Y の値をある程度推測できると考えられる．ここでは1次式を用いた推測の方法を学ぶ．

■ **回帰直線と最小二乗法**　変量 X と Y の値の組で与えられたデータ (x_1, y_1), $(x_2, y_2), \cdots, (x_n, y_n)$ の x_i と y_i の間に，おおよそ

$$y_i = ax_i + b$$

という関係があると仮定する．ただし，a と b は定数とする．もちろん，一般には上式が成り立つことはほとんどなく，左辺と右辺は異なる値をとる．そこで，値の差を誤差と考え，それら誤差の2乗和

$$f(a,b) = \sum_{i=1}^{n} \{y_i - (ax_i + b)\}^2$$

を最も小さくする a, b を求める．このようにして a と b を決定する方法を**最小二乗法**という．以下では，$S_x \neq 0$ を仮定する．

まず，2変数関数 $f(a,b)$ を n で割った $\dfrac{1}{n}f(a,b)$ の最小値を求めてみよう．変量 X^2，Y^2，XY の平均をそれぞれ $\overline{x^2}$，$\overline{y^2}$，$\overline{xy}$ で表すと，定義より

$$\overline{x^2} = \bar{x}^2 + S_x^2, \quad \overline{y^2} = \bar{y}^2 + S_y^2, \quad \overline{xy} = \bar{x}\bar{y} + C_{xy}$$

である．これらを用いて式を変形すると，

$$
\begin{aligned}
\frac{1}{n}f(a,b) &= \frac{1}{n}\sum_{i=1}^{n}(a^2x_i^2 + 2abx_i + b^2 - 2ax_iy_i - 2by_i + y_i^2) \\
&= a^2\overline{x^2} + 2ab\bar{x} + b^2 - 2a\overline{xy} - 2b\bar{y} + \overline{y^2} \\
&= a^2\bar{x}^2 + 2ab\bar{x} + b^2 - 2a\bar{x}\bar{y} - 2b\bar{y} + \bar{y}^2 + a^2S_x^2 - 2aC_{xy} + S_y^2 \\
&= (a\bar{x} + b - \bar{y})^2 + S_x^2\left(a - \frac{C_{xy}}{S_x^2}\right)^2 - \frac{C_{xy}^2}{S_x^2} + S_y^2
\end{aligned}
$$

となる．よって，$f(a,b)$ は，$a = C_{xy}/S_x^2$，$b = -a\bar{x} + \bar{y}$ のとき，最小値

$$S_y^2 - \frac{C_{xy}^2}{S_x^2} = S_y^2(1 - r_{xy}^2) \tag{2.5}$$

をとる．また，そのときの a と b の値を $y = ax + b$ に代入すれば，

$$y = \frac{C_{xy}}{S_x^2}(x - \bar{x}) + \bar{y}$$

を得る．これを Y の X への**回帰直線**といい，X を**説明変数**，Y を**目的変数**と

いう. また, 回帰直線の傾き $a = C_{xy}/S_x^2$ を**回帰係数**という. なお, 一般に, Y の X への回帰直線と, 説明変数と目的変数を逆にした X の Y への回帰直線は一致しない.

Y の X への回帰直線を用いれば, X の値から Y の値を予測することができる. このように 1 つの説明変数から目的変数を予測することを**単回帰分析**という. これに対して, 複数の変数 X_1, X_2, $\cdots$, X_n から Y を予測することを**重回帰分析**という. ここでは予測の方法として 1 次式 (**線形モデル**) を用いたが, 1 次式以外の関数を用いることも考えられる.

■ **決定係数**　回帰直線とデータの誤差の 2 乗和は, (2.5) より

$$nS_y^2(1 - r_{xy}^2)$$

である. よって, r_{xy}^2 が 1 に近いほど誤差が少なくなり, 回帰直線は X の値から Y の値をより良く予測できていると考えられる. この数値 r_{xy}^2 を**決定係数**または**寄与率**といい, 回帰直線が実際のデータをどの程度説明しているかを表す指標として用いられる. また, この決定係数 r_{xy}^2 の値が 1 に近いほどデータは回帰直線のまわりに密集するので, X と Y の間に成り立つ "直線的" な関係を表す相関は強くなる. 一方, r_{xy}^2 の値が 0 に近いときは, データは回帰直線から散逸し, 直線的な関係が見づらくなるので相関は弱くなる. 相関の強さに関しては, 一般に, $|r_{xy}| \geqq 0.7$ のときは強い相関がある, $|r_{xy}| \leqq 0.2$ のときは相関はほとんどないと表現されることが多い.

例題 12　成人男性の身長 X [cm] と体重 Y [kg] を測定して得られた次のデータから, Y の X への回帰直線と決定係数を求めよ. また, 散布図と回帰直線をかけ.

身長	160.2	174.2	168.3	178.6	166.9	172.0	182.4	169.7
体重	52.8	71.5	65.2	72.5	58.3	71.1	77.2	62.5

解　平均, 分散, 共分散, 相関係数を計算すると, $\bar{x} = 171.5$, $\bar{y} = 66.4$, $S_x^2 = 42.4$, $S_y^2 = 58.6$, $C_{xy} = 47.4$, $r_{xy} = 0.950$ である. よって, 回帰係数, 回帰直線, 決定係数は, それぞれ

$$\frac{C_{xy}}{S_x^2} = 1.12, \quad y = 1.12(x - 171.5) + 66.4, \quad r_{xy}^2 = 0.903$$

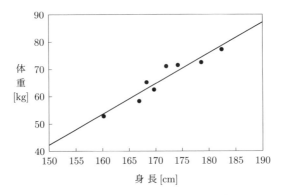

図 2.9 例題 12 の散布図と回帰直線

となる. また, 散布図と回帰直線は図 2.9 のようになる.   □

問 12 問 10 のデータについて, Y の X への回帰直線と決定係数を求めよ. また, 問 10 で求めた散布図に回帰直線をかけ.

──────────────── **問題 2.2** ────────────────

1. 数学と理科の試験を行い, 次のデータを得た. 数学の得点を X, 理科の得点を Y とするとき, 以下の問いに答えよ.

数学の得点	57	75	62	68	81	97	66	89	80	62
理科の得点	65	72	48	76	98	88	60	90	96	50

(1) X と Y の平均と分散を求めよ.
(2) X と Y の共分散と相関係数を求めよ.
(3) X の Y への回帰直線を求めよ.
(4) 散布図と回帰直線をかけ.

2. N 市の年間の平均気温 [°C] と降水量 [mm] を調べたところ, 次のデータを得た. 平均気温を X, 降水量を Y とするとき, 以下の問いに答えよ.

平均気温	12.2	11.8	12.3	11.9	12.7	11.6	12.1	12.5	12.2
降水量	848	926	975	893	1167	868	1156	887	855

(1) X と Y の平均と分散を求めよ.
(2) X と Y の共分散と相関係数を求めよ.
(3) X の Y への回帰直線を求めよ.
(4) 散布図と回帰直線をかけ.

3

推定と検定

　調査したい対象から無作為に選んだごく少数の標本から，調査対象全体の特徴を推測したり，調査対象に関して立てた仮説が正しいかどうかを確かめたりすることは，今や日常的に行われる重要な作業の一つである．このような作業を推定と検定といい，その作業を行うための理論を体系化したものを "推測統計学" という．例えば，テレビの選挙報道で，投票が締め切られた直後に当選確実が速報できるのは，まさに推測統計学の絶大な力を表しているといっても過言でない．

　推定や検定を行うには，調査対象から標本を抽出する必要がある．しかし，どんな標本が抽出されるかは偶然性に左右される．そのため，推定と検定の考え方を理解するには，第 1 章で学んだ確率や確率変数の知識が必要不可欠である．

3.1　標 本 分 布

　この節では，推測統計学における基礎的な用語を準備した後に，推定や検定で重要な標本分布として，χ^2 分布や t 分布について学ぶ．

3.1.1　無作為標本と統計量

　統計学の対象は，20 歳の日本人男性全体，ある工場で一定期間に製造された車の全体，同一条件下で繰り返し実験を行ったときの実験結果の全体，さらに

は次の衆議院選挙での有権者の投票動向など，すべてが同一でないものの集まりである．このような集まりの中の一つひとつのものを**個体**という．

■ **母集団と母集団分布**　このように統計学で扱う対象は多岐にわたるが，実際には 20 歳の男子の身長，車の燃費，実験により得られた測定値，有権者がある政党を支持するかしないかなど，各個体の特性に着目して議論される．このような個体の特性の集まりを**母集団**といい，その要素の個数が有限個のとき**有限母集団**，無限個のとき**無限母集団**という．20 歳の男性の身長や車の燃費などの個体の特性は，母集団の中で，ある平均と分散をもつ確率分布に従ってばらついていると考えられる．この分布を**母集団分布**といい，その特徴を表す平均や分散などを**母数**という．特に，母集団分布の平均を**母平均**，分散を**母分散**という．以下では，個体と個体の特性を区別せずに用いる．

■ **全数調査と標本調査**　統計における調査には全数調査と標本調査の二通りの調査方法がある．**全数調査**とは，母集団のすべての個体を調査する調査方法のことで，各大学が公表している入学試験の平均点などは全数調査を行い算出されている．全数調査は，短期間で調査結果を公表したい (時間的制約)，調査費用を軽減したい (経済的制約)，生産した製品を全部調査すると売るべき商品がなくなってしまう (合理的制約) などの制約や，そもそも母集団が無限母集団であったり，仮想的なものであったりする (原理的制約) などの制約により，困難であることが多い．そこで通常は母集団から一部の個体を抜き出して調べる．この調査方法を**標本調査**といい，抜き出された個体の集合を**標本**，標本の個数を標本の**大きさ**という．

■ **無作為標本**　標本調査を正しく行うには，母集団の中から偏りなく，なおかつ選んだ個体間に依存関係がないように標本を抽出することが必要である．例えば，20 歳の日本人男性の身長を調査するときに，バスケットボールやバレーボールの選手だけを標本として抽出したり，血圧の高低に遺伝的要因や食生活が影響しているにもかかわらず，血縁関係にある者や一定地域の住人だけを意図的に選んで調査したのでは，正しい調査はできないであろう．そこで，母集団の中から偏りなく個体を選ぶだけでなく，選んだ個体間に何ら依存関係がないように標本を抽出する方法を**無作為抽出**といい，得られた標本を**無作為標本**という．

■ **無作為標本と確率変数**　以下で，母集団から抽出する個体の特性 X が数値で表されている場合を考える．この X を**標本変量**という．個体の長さや重さなどはそのままで数値である．個体 X の特性が，ある政党を支持するかしないかという場合でも，支持するときは $X = 1$，支持しないときは $X = 0$ とすれば数値化できる．

ある確率分布 (母集団分布) に従って個体の特性が分布している母集団から抽出した無作為標本を $X_1, X_2, \cdots, X_n$ とする．このとき，各 X_i がとる値は実際に標本を抽出すれば定まり，X_i に関連する事象の確率は母集団分布から計算できるので，標本変量 X_i は母集団分布に従う確率変数と考えることができる．また，無作為抽出では，例えば 1 番目の標本変量 X_1 がどんな値をとるかは，5 番目の標本変量 X_5 がどんな値をとるかに影響しないので，確率変数 $X_1, X_2, \cdots, X_n$ は独立であるとみなせる．一般に，すべて母集団分布に従う独立な n 個の確率変数の組 $X_1, X_2, \cdots, X_n$ を母集団から抽出した**無作為標本**，n をその**大きさ**という．

無作為標本 $X_1, X_2, \cdots, X_n$ は確率変数の組であるが，実際に標本調査を行って得られるデータ $x_1, x_2, \cdots, x_n$ は具体的な数値である．この数値の組を標本 $X_1, X_2, \cdots, X_n$ の**実現値**または**標本値**という．

標本調査では，母集団から抽出する標本は無作為標本であることが大前提である．そこで，以下では無作為標本を単に**標本**という．

■ **統計量**　標本調査の目的は，母集団の特徴を表す未知の母平均 μ や母分散 σ^2 を推測することであるが，その推測に，抽出した標本の平均

$$\overline{X} = \frac{1}{n} \sum_{i=1}^{n} X_i$$

や分散

$$S^2 = \frac{1}{n} \sum_{i=1}^{n} (X_i - \overline{X})^2$$

を用いるのは合理的である．この $\overline{X}$ を**標本平均**，S^2 を**標本分散**，S^2 の正の平方根 $S = \sqrt{S^2}$ を**標本標準偏差**という．また，標本を用いて定義される確率変数を一般に**統計量**という．

●**定理 1**　平均が μ，分散が σ^2 の母集団から抽出した大きさ n の標本を X_1, $X_2, \cdots, X_n$ とするとき，その標本平均 $\overline{X}$ の平均と分散は，それぞれ

$$E[\overline{X}] = \mu, \quad V[\overline{X}] = \frac{\sigma^2}{n}$$

である.

証明 $X_1,\ X_2,\ \cdots,\ X_n$ は平均が μ, 分散が σ^2 の母集団からの標本なので独立で, $E[X_i] = \mu,\ V[X_i] = \sigma^2\ (i = 1, 2, \cdots, n)$ を満たす. よって, 第 1 章の定理 12 より,

$$E[\overline{X}] = E\left[\frac{1}{n}\sum_{i=1}^{n} X_i\right] = \frac{1}{n}\sum_{i=1}^{n} E[X_i] = \frac{1}{n} \cdot n\mu = \mu$$

である. また, 第 1 章の定理 14 より,

$$V[\overline{X}] = V\left[\frac{1}{n}\sum_{i=1}^{n} X_i\right] = \frac{1}{n^2}\sum_{i=1}^{n} V[X_i] = \frac{1}{n^2} \cdot n\sigma^2 = \frac{\sigma^2}{n}$$

となる. □

統計では, 数表を用いたり, 数値の大小関係が一目でわかるようにするために, 計算結果を分数でなく小数で表すのが普通である. また, 標本平均や標本分散などの統計量の実現値の計算では, 第 2 章の 2.1.2 項で述べたように, 標本調査の最終的な結果に影響を与えないように, 十分に多くの桁数まで計算してから, 四捨五入 (場合によっては, 切り捨てたり切り上げたり) する.

例題 1 平均が 3, 分散が 25 の母集団から抽出した大きさ 9 の標本の標本平均 $\overline{X}$ の平均と分散を求めよ.

解 母平均 $\mu = 3$, 母分散 $\sigma^2 = 25$ なので,

$$E[\overline{X}] = \mu = 3, \quad V[\overline{X}] = \frac{\sigma^2}{n} = \frac{25}{9} = 2.778$$

となる. □

問 1 平均が 5, 分散が 28 の母集団から抽出した大きさ n の標本の標本平均 $\overline{X}$ の分散が 3 以下となるような n の最小値を求めよ.

定理 1 より, 標本平均 $\overline{X}$ の平均 $E[\overline{X}]$ は母平均 μ と一致し, その分散 $V[\overline{X}] = \dfrac{\sigma^2}{n}$ は, 標本の個数 n を大きくすれば限りなく 0 に近づく. よって, 標本平均 $\overline{X}$ は高い確率で μ に近い値をとると考えられる. 実際, 第 1 章の定理 17 の大数の法則を標本の言葉で書き換えれば, 次の定理が得られる.

●**定理 2 (標本に対する大数の法則)**　平均が μ，分散が σ^2 の母集団から抽出
した大きさ n の標本 $X_1,\ X_2,\ \cdots,\ X_n$ の標本平均を $\overline{X}$ とすると，任意の $\varepsilon > 0$
に対して

$$\lim_{n \to \infty} P(|\overline{X} - \mu| < \varepsilon) = 1$$

が成り立つ.

　次に，標本分散 S^2 の平均 $E[S^2]$ を計算してみよう．まず，第 1 章の定理 7
の (1) (分散の計算の簡便公式) より，

$$E[X_i^2] = V[X_i] + E[X_i]^2 = \sigma^2 + \mu^2 \quad (i = 1, 2, \cdots, n),$$
$$E[\overline{X}^2] = V[\overline{X}] + E[\overline{X}]^2 = \frac{\sigma^2}{n} + \mu^2$$

となる．ここで

$$S^2 = \frac{1}{n} \sum_{i=1}^{n} (X_i - \overline{X})^2 = \frac{1}{n} \sum_{i=1}^{n} (X_i^2 - 2X_i\overline{X} + \overline{X}^2)$$
$$= \frac{1}{n} \left(\sum_{i=1}^{n} X_i^2 - 2\overline{X} \cdot \sum_{i=1}^{n} X_i + n\overline{X}^2 \right)$$
$$= \frac{1}{n} \sum_{i=1}^{n} X_i^2 - 2\overline{X}^2 + \overline{X}^2 = \frac{1}{n} \sum_{i=1}^{n} X_i^2 - \overline{X}^2$$

なので，

$$E[S^2] = \frac{1}{n} \sum_{i=1}^{n} E[X_i^2] - E[\overline{X}^2]$$
$$= \frac{1}{n} \cdot n(\sigma^2 + \mu^2) - \left(\frac{\sigma^2}{n} + \mu^2 \right)$$
$$= \frac{n-1}{n} \sigma^2$$

となり，標本分散の平均 $E[S^2]$ は母分散 σ^2 と一致しない.
　一般に，母数を推定するために用いる統計量を**推定量**といい，その平均は推
定したい母数と一致することが望ましい．この性質を推定量の**不偏性**といい，
不偏性をもつ推定量を**不偏推定量**という．上述の計算より

$$E\left[\frac{n}{n-1} S^2 \right] = \sigma^2$$

となるので，

$$U^2 = \frac{n}{n-1}S^2 = \frac{1}{n-1}\sum_{i=1}^{n}(X_i - \overline{X})^2$$

とおくと, $E[U^2] = \sigma^2$ となり, U^2 の平均は母分散と一致する. この U^2 を標本 X_1, X_2, $\cdots$, X_n の**不偏分散**という.

以上を定理としてまとめると次のようになる.

●**定理 3** 分散が σ^2 の母集団から抽出した大きさ n の標本の標本分散 S^2, 不偏分散 U^2 の平均は, それぞれ

$$E[S^2] = \frac{n-1}{n}\sigma^2, \quad E[U^2] = \sigma^2$$

である.

例題 2 平均が μ, 分散が σ^2 の母集団から抽出した大きさ n の標本を X_1, X_2, $\cdots$, X_n とする. 統計量 $T = \dfrac{1}{n}\sum_{i=1}^{n}(X_i - \mu)^2$ は母分散 σ^2 の不偏推定量であることを示せ.

解 $E[X_i] = \mu$, $V[X_i] = \sigma^2$ $(i = 1, 2, \cdots, n)$ なので, 第 1 章の定理 12 より

$$E[T] = E\left[\frac{1}{n}\sum_{i=1}^{n}\left(X_i^2 - 2\mu X_i + \mu^2\right)\right]$$

$$= \frac{1}{n}\sum_{i=1}^{n}\left(E[X_i^2] - 2\mu E[X_i] + \mu^2\right)$$

$$= \frac{1}{n}\sum_{i=1}^{n}\left(\sigma^2 + \mu^2 - 2\mu^2 + \mu^2\right) = \sigma^2$$

となる. よって, T は σ^2 の不偏推定量である. □

問 2 平均が μ, 分散が 1 の母集団から抽出した大きさ n の標本の標本平均 $\overline{X}$ に対して, $\overline{X}^2$ は μ^2 の不偏推定量でないことを示し, μ^2 の不偏推定量を求めよ.

3.1.2 標 本 分 布

ここでは, 母集団から抽出した標本の標本平均や標本分散などの統計量がどのような確率分布に従うかを調べる. 一般に, 標本から定まる統計量が従う確率分布を**標本分布**という.

■ **正規母集団** 母集団分布が正規分布である母集団を**正規母集団**という. 正規母集団からの標本に対しては, 第 1 章の定理 15 (正規分布の再生性) より,

その標本平均が従う確率分布も正規分布となる.

●**定理 4** 正規母集団 $N(\mu, \sigma^2)$ から抽出した大きさ n の標本 $X_1, X_2, \cdots, X_n$ の標本平均 $\overline{X}$ は正規分布 $N\left(\mu, \dfrac{\sigma^2}{n}\right)$ に従う. よって, 標準化された確率変数

$$Z = \frac{\overline{X} - \mu}{\sigma/\sqrt{n}}$$

は標準正規分布 $N(0, 1)$ に従う.

例題 3 正規母集団 $N(1.5, 2)$ から抽出した大きさ 10 の標本の標本平均 $\overline{X}$ について, 次の a, b の値を求めよ.

$$P(\overline{X} > 2) = a, \quad P(|\overline{X} - 1.5| < b) = 0.83$$

解 $\overline{X}$ は $N(1.5, 0.2)$ に従うので,

$$a = P(\overline{X} > 2) = P\left(Z > \frac{2 - 1.5}{\sqrt{0.2}}\right) = P(Z > 1.12)$$

$$= 0.5 - \Phi(1.12) = 0.5 - 0.3686 = 0.1314$$

となる. また,

$$0.83 = P(|\overline{X} - 1.5| < b) = P(1.5 - b < \overline{X} < 1.5 + b)$$

$$= P\left(-\frac{b}{\sqrt{0.2}} < Z < \frac{b}{\sqrt{0.2}}\right) = 2\Phi\left(\frac{b}{\sqrt{0.2}}\right)$$

なので $\Phi\left(\dfrac{b}{\sqrt{0.2}}\right) = 0.415$ である. よって, $\dfrac{b}{\sqrt{0.2}} = 1.3722$ より, $b = 0.614$ となる. □

問 3 正規母集団 $N(1, 6)$ から抽出した大きさ 20 の標本の標本平均 $\overline{X}$ について, 次の a, b, c の値を求めよ.

$$P(\overline{X} < 0.5) = a, \quad P(0 < \overline{X} \leqq 2.5) = b, \quad P(|\overline{X} - 1| > c) = 0.23$$

では, 母集団分布が正規分布でない場合は, そこから抽出した標本の標本平均 $\overline{X}$ が従う分布については何の情報も得られないのだろうか. じつはこのような場合でも, 標本の大きさが十分に大きければ, 第 1 章の定理 18 (中心極限定理) から, 標本平均 $\overline{X}$ は近似的に正規分布に従うことがわかる.

●**定理 5 (標本に対する中心極限定理)** 平均が μ, 分散が σ^2 の母集団から抽出した大きさ n の標本の標本平均を $\overline{X}$ とすると, n が十分に大きいとき, $\overline{X}$ は

近似的に正規分布 $N\left(\mu, \dfrac{\sigma^2}{n}\right)$ に従う. よって, 標準化された確率変数

$$Z = \frac{\overline{X} - \mu}{\sigma/\sqrt{n}}$$

は近似的に標準正規分布 $N(0,1)$ に従う.

どの程度大きな n を考えれば n が十分に大きいといえるかは, 数学的には近似の精度と関係しているし, 応用上は得られた結果を適用する問題の重要度にも左右されるので一概にはいえない. しかし, 経験上, $n > 30$ であれば十分に大きいと考えてもよいとされている. この意味で, 標本の大きさ n が $n > 30$ であれば**大標本**, $n \leqq 30$ であれば**小標本**ということがある.

例題4 平均が1, 分散が4の母集団から抽出した大きさ n の大標本の標本平均 $\overline{X}$ が 1.5 より大きくなる確率が 0.02 より小さくなるような n の最小値を求めよ.

解 大標本なので, 定理5 (標本に対する中心極限定理) より, $\overline{X}$ は $N\left(1, \dfrac{4}{n}\right)$ に従う.

$$P(\overline{X} > 1.5) = P\left(Z > \frac{1.5 - 1}{\sqrt{4/n}}\right) = P\left(Z > \frac{\sqrt{n}}{4}\right) = 0.5 - \Phi\left(\frac{\sqrt{n}}{4}\right)$$

なので, $P(\overline{X} > 1.5) < 0.02$ となるには $\Phi\left(\dfrac{\sqrt{n}}{4}\right) > 0.48$ であればよい. よって, 正規分布表 II より $\dfrac{\sqrt{n}}{4} > 2.0537$, すなわち $n > 67.5$ となる. ゆえに, n の最小値は 68 である. □

問4 平均が10, 分散が5の母集団から抽出した大きさ n の大標本の標本平均が 9.5 より小さくなる確率が 0.015 より小さくなるような n の最小値を求めよ.

Z は標準正規分 $N(0,1)$ に従う確率変数とする. 与えられた α $(0 < \alpha < 0.5)$ に対して, 図 3.1 の塗りつぶした部分の面積がちょうど α となる横軸上の点 k, すなわち

$$P(Z \geqq k) = 0.5 - \Phi(k) = \alpha$$

を満たす k の値を $z(\alpha)$ とかき, 標準正規分布の **α 点**または**100α%点**という. $z(\alpha)$ の値の近似値を求めるには, 巻末の正規分布表 II (付表2) から $\Phi(k) = 0.5 - \alpha$ となる k の値を読み取ればよい. 標準正規分布の α 点は, 3.2 節の統計的推定や 3.3 節の統計的検定で利用される.

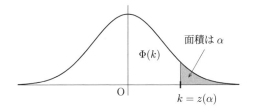

面積は α

$\Phi(k)$

O $k = z(\alpha)$

図 3.1 標準正規分布の α 点

例題 5 次の標準正規分布の α 点の値を求めよ.

(1) $z(0.01)$　　　(2) $z(0.025)$　　　(3) $z(0.05)$

解 (1)　正規分布表 II より，$\Phi(k) = 0.5 - 0.01 = 0.49$ となる k は 2.3263 なので，$z(0.01) = 2.3263$ である.

(2)　$\Phi(k) = 0.5 - 0.025 = 0.475$ より，$z(0.025) = 1.96$ である.

(3)　$\Phi(k) = 0.5 - 0.05 = 0.45$ より，$z(0.05) = 1.6449$ である.　□

■ **二項母集団と母比率**　有権者の政党支持率やテレビ番組の視聴率の調査などでは，母集団の個体の特性を，ある政党を「支持する」か「支持しない」かや，ある番組を「見た」か「見なかった」かの 2 つに完全に分類できる.このように母集団の個体の特性を，ある条件を満たすクラス C と満たさないクラス C' の 2 つに完全に分類できるとき，その母集団を**二項母集団**といい，二項母集団の中でクラス C に属する特性をもつ個体が占める割合を**母比率**という.

■ **標本度数と標本比率**　母比率 p の二項母集団から抽出した大きさ n の標本を $X_1, X_2, \cdots, X_n$ とし，各標本変量 X_i のとる値は，対応する個体の特性がクラス C に属するとき 1，属さないとき 0 と数値化されているとする.このとき，$X_1, X_2, \cdots, X_n$ は独立で，すべて二項分布 $B(1, p)$ に従う.この二項分布を特に**ベルヌーイ分布**という.このとき，標本の和 $N = \sum_{i=1}^{n} X_i$ は，抽出した大きさ n の標本の中でクラス C に属する特性をもつ個体の個数を表すので**標本度数**とよばれ，その確率分布は

$$P(N = k) = {}_nC_k\, p^k q^{n-k} \quad (k = 0, 1, \cdots, n;\ p + q = 1)$$

である.よって，標本度数 N は二項分布 $B(n, p)$ に従い，第 1 章の定理 8 より，

$$E[N] = np, \qquad V[N] = npq$$

となる. また, $P = \dfrac{N}{n}$ は標本の中でクラス C に属する特性をもつ個体の占める割合を表している. この P を**標本比率**といい, 母比率 p に対する統計量として利用する. 標本比率の定義より

$$P = \frac{N}{n} = \frac{1}{n} \sum_{i=1}^{n} X_i$$

なので, 標本比率 P は標本平均 $\overline{X}$ と一致し,

$$E[P] = p, \qquad V[P] = \frac{pq}{n}$$

となる. よって, 定理 5 (標本に対する中心極限定理) より次の結果が得られる.

●**定理 6** 母比率 p の二項母集団から抽出した大きさ n の標本の標本度数を N, 標本比率を P とする. n が十分に大きければ, 標本度数 N や標本比率 P を標準化した確率変数

$$Z = \frac{N - np}{\sqrt{npq}} = \frac{P - p}{\sqrt{pq/n}}$$

は近似的に標準正規分布 $N(0,1)$ に従う.

　例題 6 ある航空会社では予約した乗客のキャンセルに備えて, 350 人乗りの飛行機には 365 人分の予約を受け入れている. 飛行機の出発日当日にオーバーブッキング (飛行機に搭乗するために飛行場に実際に来た乗客が飛行機の定員を上回ること) が起こる確率を求めよ. ただし, 予約した乗客が搭乗日当日にキャンセルする確率は 8% であるとする.

　解 飛行場に来る乗客の数を N とすると, N は母比率 $p = 1 - 0.08 = 0.92$ の二項母集団から抽出した大きさ 365 の標本の標本度数である. よって

$$Z = \frac{N - 365 \times 0.92}{\sqrt{365 \times 0.92 \times 0.08}} = \frac{N - 335.8}{5.183}$$

は標準正規分布 $N(0,1)$ に従う. そこで, 1.2.3 項で述べた離散型確率変数を連続型確率変数で近似する際の補正項を考慮して, オーバーブッキングが起こる確率を計算すると,

$$P(N \geqq 351) = P\left(Z \geqq \frac{350.5 - 335.8}{5.183} \right) = P(Z > 2.84)$$

$$= 0.5 - \Phi(2.84) = 0.5 - 0.4977 = 0.0023$$

となる. よって, オーバーブッキングが起こる確率は 0.23% である.　□

問 5 日本人の中で血液型が AB 型の人の占める割合は 9% とされている. ある日に献血した 100 人の中で血液型が AB 型の人が 7 人以下である確率を求めよ.

以下では, いままで紹介してきた標本分布以外の確率分布について述べる.

■ χ^2 分布 独立な n 個の確率変数 Z_1, Z_2, $\cdots$, Z_n がすべて標準正規分布 $N(0,1)$ に従うとき, 確率変数

$$X = Z_1^2 + Z_2^2 + \cdots + Z_n^2$$

が従う分布を**自由度 n の χ^2 分布**という (付録 C.1 をみよ). 図 3.2 は自由度 n が $n = 1, 2, 3, 5, 8$ の場合の χ^2 分布の確率密度関数のグラフである.

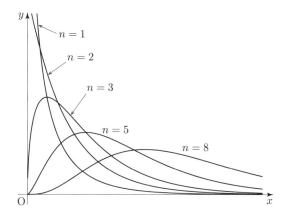

図 3.2 自由度 n の χ^2 分布の確率密度関数のグラフ

与えられた α $(0 < \alpha < 1)$ に対して, 図 3.3 の塗りつぶした部分の面積がちょうど α となる横軸上の点 k, すなわち

$$P(X \geqq k) = \alpha$$

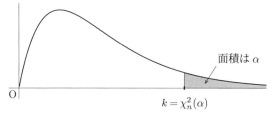

図 3.3 自由度 n の χ^2 分布の α 点

を満たす k の値の近似値を表にしたのが巻末の **χ^2 分布表** (付表 3) である.この k の値を $\chi_n^2(\alpha)$ とかき,χ^2 分布の **α 点**または **100α%点**という.例えば,χ^2 分布表で $n = 10$,$\alpha = 0.975$ の交差点の数値より $\chi_{10}^2(0.975) = 3.247$ となる.同様にして $\chi_{20}^2(0.025) = 34.17$ である.

例題 7 X が自由度 15 の χ^2 分布に従うとき,次の値を求めよ.
(1) $P(X \geqq k) = 0.975$ となる k の値.
(2) $P(X < k) = 0.99$ となる k の値.
(3) $P(X < 22.31)$

解 (1) $k = \chi_{15}^2(0.975) = 6.262$ である.
(2) $P(X \geqq k) = 1 - P(X < k) = 1 - 0.99 = 0.01$.よって $k = \chi_{15}^2(0.01) = 30.58$ となる.
(3) $\chi_{15}^2(0.1) = 22.31$ なので $P(X \geqq 22.31) = 0.1$ である.よって $P(X < 22.31) = 1 - P(X \geqq 22.31) = 1 - 0.1 = 0.9$ となる. □

問 6 X が自由度 25 の χ^2 分布に従うとき,次の値を求めよ.
(1) $P(11.52 < X < k) = 0.94$ となる k の値.
(2) $P(13.12 < X < 40.65)$

χ^2 分布の自由度 n は,その定義式の右辺において自由に動ける確率変数 Z_1,Z_2,$\cdots$,Z_n の個数という意味合いをもっている.実際,X_1,X_2,$\cdots$,X_n を正規母集団 $N(\mu, \sigma^2)$ から抽出した大きさ n の標本とすると,

$$Z_i = \frac{X_i - \mu}{\sigma} \quad (i = 1, 2, \cdots, n)$$

は独立で,すべて標準正規分布 $N(0, 1)$ に従う.よって χ^2 分布の定義より,確率変数

$$X = \sum_{i=1}^{n} \left(\frac{X_i - \mu}{\sigma} \right)^2$$

は自由度 n の χ^2 分布に従うが,上式の右辺で自由に動ける確率変数は,

$$\frac{X_1 - \mu}{\sigma}, \frac{X_2 - \mu}{\sigma}, \cdots, \frac{X_n - \mu}{\sigma}$$

のちょうど n 個である.
次に,上式の右辺の μ を標本平均 $\overline{X}$ で置き換えた確率変数

$$\chi^2 = \sum_{i=1}^{n} \left(\frac{X_i - \overline{X}}{\sigma} \right)^2$$

を考えると, χ^2 は自由度 $n-1$ の χ^2 分布に従うことが知られている. 実際, X_i と $\overline{X}$ の間に関係式

$$\overline{X} = \frac{1}{n} \sum_{i=1}^{n} X_i$$

が成り立つので,

$$\sum_{i=1}^{n} \frac{X_i - \overline{X}}{\sigma} = \frac{1}{\sigma} \left(\sum_{i=1}^{n} X_i - n\overline{X} \right) = 0$$

となり, 右辺の確率変数

$$\frac{X_1 - \overline{X}}{\sigma}, \frac{X_2 - \overline{X}}{\sigma}, \cdots, \frac{X_n - \overline{X}}{\sigma}$$

の中で自由に動ける個数は 1 つ減って $n-1$ となる. 次の定理で, χ^2 分布の自由度が n でなく $n-1$ となっているのはこの理由による.

●**定理 7** 正規母集団 $N(\mu, \sigma^2)$ から抽出した大きさ n の標本 $X_1, X_2, \cdots, X_n$ の標本平均を $\overline{X}$, 標本分散を S^2, 不偏分散を U^2 とすると,

$$\chi^2 = \sum_{i=1}^{n} \left(\frac{X_i - \overline{X}}{\sigma} \right)^2 = \frac{nS^2}{\sigma^2} = \frac{(n-1)U^2}{\sigma^2}$$

は自由度 $n-1$ の χ^2 分布に従う.

例題 8 母分散が 4.3 の正規母集団から抽出した大きさ 20 の標本の不偏分散 U^2 が 6.15 を超える確率を求めよ.

解 定理 7 より, $\chi^2 = \dfrac{19}{4.3} U^2$ は自由度 19 の χ^2 分布に従う. よって

$$P(U^2 > 6.15) = P\left(\chi^2 > \frac{6.15 \times 19}{4.3} \right) = P\left(\chi^2 > 27.17 \right)$$

である. ここで $\chi_{19}^2(0.1) = 27.2$ なので, 求める確率は 0.1 である. □

問 7 母分散が 3.3 の正規母集団から抽出した大きさ 30 の標本の標本分散 S^2 が 4.682 より小さくなる確率を求めよ.

■ **t 分布**　確率変数 Z と X は独立で，Z は標準正規分布 $N(0,1)$，X は自由度 n の χ^2 分布に従うとする．このとき確率変数

$$T = \frac{Z}{\sqrt{X/n}}$$

が従う分布を**自由度 n の t 分布**という．図 3.4 は自由度 n が $n = 1, 3, 6$ の場合の t 分布の確率密度関数のグラフと標準正規分布 $N(0,1)$ の確率密度関数のグラフを重ね書きしたものである．

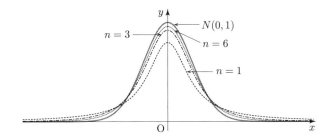

図 3.4　自由度 n の t 分布の確率密度関数のグラフ

　図よりわかるように，グラフは縦軸に関して左右対称な曲線で，標準正規分布の確率密度関数のグラフと比べると，山の高さは低いがすそ野は広がっている．また，自由度 n が大きくなるにつれて，山の高さはより高く，すそ野はより狭くなり，$n \to \infty$ のとき $N(0,1)$ の確率密度関数のグラフに近づく (問 C.2)．

　与えられた α $(0 < \alpha < 0.5)$ に対して，図 3.5 の塗りつぶした部分の面積がちょうど α となる横軸上の点 k，すなわち

$$P(T \geqq k) = \alpha$$

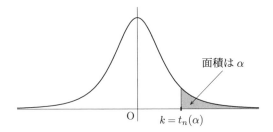

図 3.5　自由度 n の t 分布の α 点

を満たす k の値の近似値を表にしたのが巻末の **t 分布表** (付表 4) である. この k の値を $t_n(\alpha)$ とかき, t 分布の **α 点**または **$100\alpha\%$点**という. 例えば, t 分布表で $n = 10$, $\alpha = 0.1$ の交差点の数値より $t_{10}(0.1) = 1.372$ である. 同様に $t_{15}(0.025) = 2.131$ である.

例題 9 T が自由度 12 の t 分布に従うとき, 次の値を求めよ.
(1) $P(T \geqq k) = 0.15$ となる k の値.
(2) $P(T < k) = 0.9$ となる k の値.
(3) $P(|T| \geqq k) = 0.1$ となる k の値.
(4) $P(-1.356 < T < 2.681)$

解 (1) $k = t_{12}(0.15) = 1.083$ である.
(2) $P(T < k) = 1 - P(T \geqq k) = 0.9$ より, $P(T \geqq k) = 0.1$ である. よって, $k = t_{12}(0.1) = 1.356$ となる.
(3) $P(|T| \geqq k) = P(T \leqq -k) + P(T \geqq k) = 2P(T \geqq k) = 0.1$ なので, $P(T \geqq k) = 0.05$ となる k の値を求めればよい. ゆえに $k = t_{12}(0.05) = 1.782$ である.
(4) $P(-1.356 < T < 2.681) = 1 - P(T \geqq 2.681) - P(T \geqq 1.356)$ である. ここで $t_{12}(0.01) = 2.681$, $t_{12}(0.1) = 1.356$ なので, 求める確率は $1 - 0.01 - 0.1 = 0.89$ となる. $\square$

問 8 T が自由度 20 の t 分布に従うとき, 次の値を求めよ.
(1) $P(T > k) = 0.9$ となる k の値.
(2) $P(|T| \geqq k) = 0.02$ となる k の値.
(3) $P(-1.064 < T \leqq 2.845)$

正規母集団 $N(\mu, \sigma^2)$ から抽出した大きさ n の標本 X_1, X_2, $\cdots$, X_n の標本平均を $\overline{X}$ とする. このとき, 定理 4 より

$$Z = \frac{\overline{X} - \mu}{\sigma/\sqrt{n}}$$

は標準正規分布 $N(0, 1)$ に従い, 定理 7 より

$$\chi^2 = \frac{(n-1)U^2}{\sigma^2}$$

は自由度 $n - 1$ の χ^2 分布に従う. また, これら 2 つの確率変数 Z と χ^2 は独立であることが知られているので, t 分布の定義より, 確率変数

$$T = \frac{Z}{\sqrt{\chi^2/(n-1)}} = \frac{\overline{X} - \mu}{\sigma/\sqrt{n}} \bigg/ \sqrt{\frac{(n-1)U^2}{(n-1)\sigma^2}} = \frac{\overline{X} - \mu}{U/\sqrt{n}}$$

は自由度 $n-1$ の t 分布に従う．よって次の定理が得られる．

●**定理 8** 正規母集団 $N(\mu, \sigma^2)$ から抽出した大きさ n の標本の標本平均を $\overline{X}$，不偏分散を U^2 とすると，

$$T = \frac{\overline{X} - \mu}{U/\sqrt{n}}$$

は自由度 $n-1$ の t 分布に従う．

────────────── **問題 3.1** ──────────────

1. 平均が 4，分散が 16 の母集団から抽出した大きさ 10 の標本の標本平均 $\overline{X}$ の平均と分散を求めよ．

2. 平均が -3，分散が 25 の母集団から抽出した大きさ n の標本の標本平均 $\overline{X}$ の分散が 2 以下となるような n の最小値を求めよ．

3. 正規母集団 $N(4, 25)$ から抽出した大きさ 20 の標本の標本平均 $\overline{X}$ について，次の a, b, c の値を求めよ．

$$P(3 < \overline{X} \leqq 5) = a, \quad P(\overline{X} \geqq 2) = b, \quad P(\overline{X} > c) = 0.343$$

4. 正規母集団 $N(-1, 30)$ から抽出した大きさ 15 の標本の標本平均 $\overline{X}$ について，次の a, b, c の値を求めよ．

$$P(0 < \overline{X} \leqq 3) = a, \quad P(\overline{X} \geqq 1) = b, \quad P(\overline{X} < c) = 0.729$$

5. 平均が 5，分散が 16 の母集団から抽出した大きさ n の大標本の標本平均が 6 より大きくなる確率が 0.02 以下になるような n の最小値を求めよ．

6. 平均が -3，分散が 12 の母集団から抽出した大きさ n の大標本の標本平均が -4 より小さくなる確率が 0.05 以下になるような n の最小値を求めよ．

7. 成人男性の身長は，平均が 170 cm，標準偏差が 5 cm である．成人男性 n 人の身長の平均が 169 cm から 171 cm の間に入る確率が 99%以上になるためには，n がいくつ以上であればよいか．ただし $n > 30$ とする．

8. 硬貨を 400 回投げるとき，表が 210 回以上出る確率を求めよ．

9. 画鋲を投げて針が上を向く確率が 60%であるとする．100 個の画鋲を投げるとき，下向きの画鋲が 50 個以上になる確率を求めよ．

10. ある航空会社では，予約した乗客が搭乗日当日にキャンセルする確率が 8%であった．350 人乗りの飛行機でオーバーブッキングが起こる確率を 0.1%以下にするためには，予約の受け入れを何人以下にすればよいか．

11. X が自由度 20 の χ^2 分布に従うとき，次の値を求めよ.

(1) $P(X \geq k) = 0.950$ となる k の値.

(2) $P(X < k) = 0.975$ となる k の値.

(3) $P(10.85 < X < 19.34)$

(4) $P(7.434 < X < k) = 0.990$ となる k の値.

12. 母分散が 5 の正規母集団から抽出した大きさ 10 の標本の標本分散 S^2 が 1.35 以下になる確率を求めよ.

13. 母分散が 9 の正規母集団から抽出した大きさ 21 の標本の不偏分散 U^2 が 12.785 を超える確率を求めよ.

14. 母分散が 8 の正規母集団から抽出した大きさ n の標本の標本分散が 12 以下になる確率が 90% 以上になるためには，n をいくつ以上にすればよいか.

15. T が自由度 22 の t 分布に従うとき，次の値を求めよ.

(1) $P(T > k) = 0.01$ となる k の値.

(2) $P(T < k) = 0.75$ となる k の値.

(3) $P(-1.061 < T)$

16. T が自由度 15 の t 分布に従うとき，次の値を求めよ.

(1) $P(|T| > k) = 0.05$ となる k の値.

(2) $P(|T| < k) = 0.8$ となる k の値.

(3) $P(|T| > 1.753)$

3.2 統計的推定

母集団から抽出した標本を用いて母集団の母数を 1 つの値で推定したり，母数がほぼ確実に入る範囲を推定したりすることを**統計的推定**といい，1 つの値による母数の推定を**点推定**，区間による母数の推定を**区間推定**という.

3.2.1 点 推 定

標本調査を行うと一組の具体的なデータ $x_1, x_2, \cdots, x_n$ が得られるが，このデータの組は，母集団から抽出した大きさ n の標本 $X_1, X_2, \cdots, X_n$ の組の実現値である. そこで，この一組の実現値から母集団の母数を 1 つの値で推定することを**点推定**という. 点推定で用いる統計量を**推定量**，推定量の式の中の確率変数 $X_1, X_2, \cdots, X_n$ を実現値 $x_1, x_2, \cdots, x_n$ で置き換えて得られる値を**推定値**という. 推定量は確率変数であるが，推定値はその実現値としての数値である.

■ **母平均と母分散の点推定**　母平均 μ の推定量としては標本平均

$$\overline{X} = \frac{1}{n} \sum_{i=1}^{n} X_i$$

が用いられる．その一つの理由は，定理1より標本平均 $\overline{X}$ の平均は $E[\overline{X}] = \mu$ を満たし，推定したい母平均と一致するからである．一般に，推定量の平均が推定したい母数と一致するとき，その推定量は**不偏性をもつ**といい，不偏性をもつ推定量を母数に対する**不偏推定量**，その実現値を**不偏推定値**という．

一方，母分散 σ^2 の推定量としては，標本分散

$$S^2 = \frac{1}{n} \sum_{i=1}^{n} (X_i - \overline{X})^2$$

と不偏分散

$$U^2 = \frac{1}{n-1} \sum_{i=1}^{n} (X_i - \overline{X})^2$$

の2つが考えられる．定理3より，推定量の平均はそれぞれ

$$E[S^2] = \frac{n-1}{n} \sigma^2, \quad E[U^2] = \sigma^2$$

となり，不偏分散 U^2 の平均は母分散と一致し，不偏推定量となる．しかし，不偏分散 U^2 の正の平方根 $U = \sqrt{U^2}$ は，母標準偏差 σ の不偏推定量でないことが知られている．

一般に，点推定で用いる推定量は不偏推定量であることが望ましい．そこで，未知の母平均 μ と母分散 σ^2 の不偏推定値は，母集団から抽出した大きさ n の標本の実現値 $x_1, x_2, \cdots, x_n$ を用いて，次の式で計算する．

- 母平均 μ の不偏推定値: $\bar{x} = \dfrac{1}{n} \sum_{i=1}^{n} x_i$

- 母分散 σ^2 の不偏推定値: $u^2 = \dfrac{1}{n-1} \sum_{i=1}^{n} (x_i - \bar{x})^2$

なお，標本分散 S^2 の実現値を s^2 とすると，

$$s^2 = \frac{1}{n} \sum_{i=1}^{n} (x_i - \bar{x})^2 = \frac{1}{n} \sum_{i=1}^{n} x_i^2 - \bar{x}^2, \quad u^2 = \frac{n}{n-1} s^2$$

である．

　母平均 μ の点推定では，得られた不偏推定値がどの程度正確かを表す尺度として，母平均の不偏推定量である $\overline{X}$ の標準偏差を不偏推定値と一緒に計算することが多い．一般に推定量の標準偏差を**標準誤差**といい，SE で表す．

　母平均 μ の点推定の標準誤差 SE は，母分散 σ^2 が既知であれば，定理 1 より

$$\mathrm{SE} = \sqrt{V[\overline{X}]} = \sqrt{\frac{\sigma^2}{n}}$$

となる．σ^2 が未知のときは，σ^2 を不偏分散 U^2 の実現値 u^2 で置き換えた式

$$\mathrm{SE} = \sqrt{\frac{u^2}{n}}$$

で計算する．

　例題 10　あるタイヤメーカーが販売している最高級タイヤの耐久性を調べるため，同一条件下で一定時間走行した後のタイヤの摩耗量 [mm] を測定し，次のデータを得た．

　　　　　9.0　8.7　7.5　10.2　7.7　11.3　5.8　13.5　8.5　12.5

この最高級タイヤの平均摩耗量の不偏推定値と標準誤差を求めよ．また，摩耗量の分散の不偏推定値を求めよ．

　解　母平均の不偏推定値 $\bar{x}$ と母分散の不偏推定値 u^2 を求める式と，母平均の点推定の標準誤差 SE を求める式にデータを代入して計算すると，$\bar{x} = 9.47$，$u^2 = 5.73$，$\mathrm{SE} = 0.76$ となる．　□

　問 9　母比率 p の二項母集団から抽出した大きさ n の標本の標本比率 P は母比率 p の不偏推定量であることを示せ．

3.2.2　区間推定の考え方

　点推定では未知の母数 θ をその推定量 Θ の実現値で推定するので，手続き的に単純でわかりやすい．しかし，調査するたびに異なる値となる推定値のばらつきに関して，"標本調査して得られるデータは無作為標本の実現値であるから" という説明しかできない点に不満が残る．点推定に対するこの不満の解消案が区間推定であり，母数 θ に対して，2 つの推定量 Θ_1 と Θ_2 を考え，その実現値 θ_1 と θ_2 を用いて，母数 θ の値を一点ではなく，ある幅をもった区間 $[\theta_1, \theta_2]$ で推定すると同時に，この推定した区間が未知の母数を含む可能性 (信頼性) も明らかにするという考え方である．

■ **区間推定**　母集団から抽出した大きさ n の標本を $X_1, X_2, \cdots, X_n$ とする. 与えられた $\alpha\,(0 < \alpha < 1)$ に対して, 区間 $[\Theta_1, \Theta_2]$ が母数 θ を含む確率がちょうど $1 - \alpha$ となる, すなわち

$$P(\Theta_1 \leqq \theta \leqq \Theta_2) = 1 - \alpha \tag{3.1}$$

を満たすように, 母数 θ に対する 2 つの推定量 Θ_1 と Θ_2 を標本 $X_1, X_2, \cdots, X_n$ から定める. このとき, Θ_1 と Θ_2 の実現値 θ_1 と θ_2 に対して, 区間 $[\theta_1, \theta_2]$ を母数 θ に対する **$100(1 - \alpha)$%信頼区間**, $1 - \alpha$ や $100(1 - \alpha)$%をこの信頼区間の**信頼度**または**信頼係数**という. また, θ_1 を**信頼下界**, θ_2 を**信頼上界**といい, 両者を総称して**信頼限界**という.

信頼度としては, 99% $(\alpha = 0.01)$, 95% $(\alpha = 0.05)$, 90% $(\alpha = 0.1)$ などがよく用いられる. また, 信頼区間 $[\theta_1, \theta_2]$ は, 求めた信頼区間が母数 θ を含む可能性が $1 - \alpha$ であることを保証するために, 信頼下界 θ_1 は小さめ (切り捨て), 信頼上界 θ_2 は大きめ (切り上げ) に数値を丸めて求める.

■ **信頼区間と信頼度の意味**　区間推定により得られる信頼区間も調査するたびに異なる区間となり, ばらつきが生じる. しかし, 点推定の場合と異なり, そのばらつきの程度を (3.1) を用いて説明することができる. すなわち, 区間 $[\theta_1, \theta_2]$ が母数 θ に対する 95%信頼区間であるとは,

『仮に標本調査を 100 回行ったとすると 100 個の信頼区間が得られるが, それら 100 個の区間のうち, およそ 95 個の区間は未知の母数 θ を含んでいる』

ことを意味している. 例えば, 図 3.6 では, 3 回目と 76 回目の標本調査のデータから計算した信頼区間が未知の母数 θ を含んでいない. また, 信頼度は得られた信頼区間が母数 θ を含んでいる可能性 (信頼性) を制御する役目を担っている. 例えば, 信頼度を 99%に高めれば, 100 個の区間のうち, およそ 99 個の区間が母数 θ を含んでいるような信頼区間が求められるが, 信頼度を 90%に下げた場合は, 母数を含んでいる区間は, およそ 90 個であるような信頼区間しか求められないことになる.

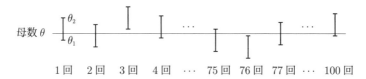

図 3.6　信頼区間のばらつき

3.2.3 母平均の区間推定

ここでは，正規母集団 $N(\mu, \sigma^2)$ の未知の母平均をそこから抽出した標本により区間推定する方法を学ぶ.

■ **母分散が既知の場合** 正規母集団 $N(\mu, \sigma^2)$ の母分散 σ^2 は既知とする．このとき，大きさ n の標本の標本平均 $\overline{X}$ は，定理 4 より正規分布 $N\left(\mu, \dfrac{\sigma^2}{n}\right)$ に従うので，

$$Z = \frac{\overline{X} - \mu}{\sigma/\sqrt{n}}$$

は標準正規分布 $N(0,1)$ に従う．よって，与えられた α $(0 < \alpha < 1)$ に対して，

$$P\left(-z(\alpha/2) \leqq \frac{\overline{X} - \mu}{\sigma/\sqrt{n}} \leqq z(\alpha/2)\right) = P(|Z| \leqq z(\alpha/2)) = 1 - \alpha$$

が成り立つ．ただし，$z(\alpha/2)$ は標準正規分布の $\alpha/2$ 点である (3.1.2 項参照，図 3.7).

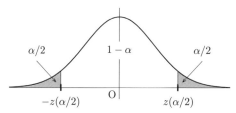

図 3.7 標準正規分布の $\alpha/2$ 点

上式の括弧内の不等式を μ について解けば

$$P\left(\overline{X} - \frac{\sigma}{\sqrt{n}} \cdot z(\alpha/2) \leqq \mu \leqq \overline{X} + \frac{\sigma}{\sqrt{n}} \cdot z(\alpha/2)\right) = 1 - \alpha$$

となり，区間

$$\left[\overline{X} - \frac{\sigma}{\sqrt{n}} \cdot z(\alpha/2), \ \overline{X} + \frac{\sigma}{\sqrt{n}} \cdot z(\sigma/2)\right]$$

が母平均 μ を含む確率は $1 - \alpha$ となる．ゆえに次の公式を得る.

● **公式 1 (正規母集団の母平均の区間推定: 母分散が既知の場合)** 正規母集団 $N(\mu, \sigma^2)$ の母分散 σ^2 は既知とする．この母集団から抽出した大きさ n の標本の標本平均 $\overline{X}$ の実現値を $\bar{x}$ とするとき，母平均 μ の $100(1 - \alpha)\%$ 信頼区間は

$$\bar{x} - \frac{\sigma}{\sqrt{n}} \cdot z(\alpha/2) \leqq \mu \leqq \bar{x} + \frac{\sigma}{\sqrt{n}} \cdot z(\alpha/2)$$

で与えられる.

例題 11 ある工場で生産される部品から 10 個の部品を無作為に抽出して重量 [g] を測ったところ,その平均は 4.83 g であった.この工場で生産される部品の平均重量の 95% 信頼区間を求めよ.ただし,長年のデータの蓄積により,この部品の重量は標準偏差 0.35 g の正規分布に従うことがわかっているとする.

解 母集団は分散が既知の正規母集団なので,公式 1 が使える.95% 信頼区間を求めるので $\alpha = 0.05$ である.よって $z(\alpha/2) = z(0.025) = 1.96$ となる.また,$n = 10$, $\bar{x} = 4.83$, $\sigma = 0.35$ である.これらを公式に代入すると,

$$4.83 - \frac{0.35}{\sqrt{10}} \times 1.96 \leqq \mu \leqq 4.83 + \frac{0.35}{\sqrt{10}} \times 1.96$$

である.信頼下界は切り捨て,信頼上界は切り上げて信頼区間を求めると,$4.61 \leqq \mu \leqq 5.05$ となる. □

問 10 ある大学の定期健康診断を受診した男子学生の中から無作為に選んだ 10 名の最高血圧 [mmHg] は

135 123 119 145 127 118 132 110 123 142

であった.この測定結果から最高血圧の平均の 99% 信頼区間を求めよ.ただし,健康管理センターの長年の調査により,この大学の男子学生の最高血圧は標準偏差 11.35 mmHg の正規分布に従うことがわかっているとする.

■ **標本の大きさ・信頼度と信頼区間の幅** 公式 1 より,母平均 μ の信頼度 $100(1 - \alpha)$% 信頼区間の幅は $\frac{2\sigma}{\sqrt{n}} \cdot z(\alpha/2)$ となる.よって,標本の大きさ n を大きくするにつれて信頼区間の幅は狭まる.一方,信頼度 $1 - \alpha$ を高めると α の値は小さくなるので,$z(\alpha/2)$ の値は大きくなり,結果として信頼区間の幅は広がる.信頼区間の幅を与えられた値 ℓ より小さくするには,

$$\frac{2\sigma}{\sqrt{n}} \cdot z(\alpha/2) < \ell, \quad \text{すなわち} \quad n > \left(\frac{2\sigma}{\ell} \cdot z(\alpha/2)\right)^2$$

を満たす大きさ n の標本を抽出すればよい.

例題 12 ある自動車メーカーが生産しているハイブリッドカーの燃費 [km/L] は標準偏差 3.52 km/L の正規分布に従っているという.このハイブリッドカーの平均燃費の 90% 信頼区間の幅を 2 km/L 以下にするには,何台以上の車の燃費を測定すればよいか.

解 公式 1 より，90%信頼区間の幅が 2 以下となるには，

$$\frac{2\sigma}{\sqrt{n}} \cdot z(0.05) \leqq 2, \quad \text{すなわち} \quad n \geqq \sigma^2 \cdot z(0.05)^2$$

であればよい．上式に $\sigma = 3.52$，$z(0.05) = 1.6449$ を代入して計算すると，$n \geqq 33.5$ となる．よって，34 台以上の車の燃費を測定すればよい． □

問 11 母分散が既知の正規母集団の母平均の 90%，95%，99%信頼区間の幅をそれぞれ x，y，z とするとき，連比 $x : y : z$ を求めよ．

■ **母分散が未知の場合** 公式 1 の信頼区間を導くときに用いた統計量

$$Z = \frac{\overline{X} - \mu}{\sigma/\sqrt{n}}$$

は未知の σ を含んでいるので，その実現値が計算できない．そこで，母分散 σ^2 の不偏推定量である不偏分散 U^2 の正の平方根 U で未知の σ を置き換えた統計量

$$T = \frac{\overline{X} - \mu}{U/\sqrt{n}}$$

を用いることにする．定理 8 より，T は自由度 $n-1$ の t 分布に従うので，与えられた $\alpha \ (0 < \alpha < 1)$ に対して，

$$P\left(-t_{n-1}(\alpha/2) \leqq \frac{\overline{X} - \mu}{U/\sqrt{n}} \leqq t_{n-1}(\alpha/2)\right) = P(|T| \leqq t_{n-1}(\alpha/2)) = 1 - \alpha$$

が成り立つ．ただし，$t_{n-1}(\alpha/2)$ は自由度 $n-1$ の t 分布の $\alpha/2$ 点である (図 3.8)．よって，区間

$$\left[\overline{X} - \frac{U}{\sqrt{n}} \cdot t_{n-1}(\alpha/2), \ \overline{X} + \frac{U}{\sqrt{n}} \cdot t_{n-1}(\alpha/2)\right]$$

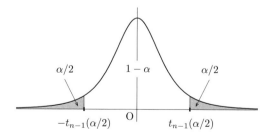

図 3.8 自由度 $n-1$ の t 分布の $\alpha/2$ 点

が母平均 μ を含む確率は $1 - \alpha$ となる．ゆえに次の公式を得る．

●**公式2 (正規母集団の母平均の区間推定: 母分散が未知の場合)** 正規母集団 $N(\mu, \sigma^2)$ の母分散 σ^2 は未知とする．この母集団から抽出した大きさ n の標本の標本平均と不偏分散の実現値をそれぞれ $\bar{x}$, u^2 とするとき，母平均 μ の $100(1 - \alpha)$%信頼区間は

$$\bar{x} - \frac{u}{\sqrt{n}} \cdot t_{n-1}(\alpha/2) \leqq \mu \leqq \bar{x} + \frac{u}{\sqrt{n}} \cdot t_{n-1}(\alpha/2)$$

で与えられる．

例題13 ある湖の水質を調査するために，湖のある地点で pH (水素イオン指数) を 7 回測定したところ，次のデータを得た．

$$7.3 \quad 8.3 \quad 7.6 \quad 7.8 \quad 8.0 \quad 7.9 \quad 8.2$$

この湖の pH は正規分布に従うと仮定して，測定地点における pH の平均値の 95%信頼区間を求めよ．

解 母集団は正規母集団であるが母分散が未知なので，t 分布による母平均の区間推定の公式2を用いる．与えられたデータより，$\bar{x} = 7.87$, $u = 0.345$ となる．また，7 個のデータから 95%信頼区間を求めるので，$n = 7$, $\alpha = 0.05$ である．よって $t_6(0.025) = 2.447$ となる．これらを公式に代入すると，

$$7.87 - \frac{0.345}{\sqrt{7}} \times 2.447 \leqq \mu \leqq 7.87 + \frac{0.345}{\sqrt{7}} \times 2.447$$

である．信頼下界は切り捨て，信頼上界は切り上げて信頼区間を求めると，$7.5 \leqq \mu \leqq 8.2$ となる． □

問12 燃費法という算定方法で，ある車の 1 km 当たりの CO_2 排出量 [kg-CO_2/km] を計算したところ，次のデータを得た．

$$0.276 \quad 0.291 \quad 0.305 \quad 0.241 \quad 0.219 \quad 0.268 \quad 0.312 \quad 0.223$$

車の 1 km 当たりの CO_2 排出量は正規分布に従うと仮定して，この車の平均 CO_2 排出量の 90%信頼区間を求めよ．

■ **大標本の場合** 標本が大標本 $(n > 30)$ の場合は，定理5 (標本に対する中心極限定理) より，母集団が正規母集団でなくても，統計量

$$Z = \frac{\overline{X} - \mu}{\sigma/\sqrt{n}}$$

は近似的に標準正規分布 $N(0,1)$ に従う．また，大標本に対しては，母分散 σ^2 を不偏分散 u^2 で近似しても差し支えないであろう．このとき，統計量

$$Z = \frac{\overline{X} - \mu}{u/\sqrt{n}}$$

は正規分布に従うと考えてよいので，公式 1 と同様にして，標準正規分布の $\alpha/2$ 点を用いた信頼区間を得ることができる．

● **公式 3 (母平均の区間推定: 大標本の場合)**　母平均が μ の母集団から抽出した大きさ n の標本の標本平均と不偏分散の実現値をそれぞれ $\bar{x}$, u^2 とする．n が大標本 $(n > 30)$ であれば，母平均 μ の $100(1 - \alpha)\%$ 信頼区間は

$$\bar{x} - \frac{u}{\sqrt{n}} \cdot z(\alpha/2) \leqq \mu \leqq \bar{x} + \frac{u}{\sqrt{n}} \cdot z(\alpha/2)$$

で与えられる．

例題 14　ある大学の学生 40 人を無作為に選び，1 日の携帯電話の利用時間を調査したところ，平均 1.8 時間，標準偏差 0.5 時間であった．この大学の学生の 1 日の携帯電話の平均利用時間の 98% 信頼区間を求めよ．

解　母集団分布が未知であるが，大標本なので公式 3 が使える．与えられたデータより，$n = 40$, $\bar{x} = 1.8$, $s = 0.5$ である．不偏分散の実現値 u^2 と標本分散の実現値 s^2 の関係式 $u^2 = \dfrac{n}{n-1} s^2$ より $u = 0.51$ となる．98% の信頼区間を求めるので，$\alpha = 0.02$ であり，$z(0.01) = 2.3263$ となる．これらを公式に代入すると，

$$1.8 - \frac{0.51}{\sqrt{40}} \times 2.3263 \leqq \mu \leqq 1.8 + \frac{0.51}{\sqrt{40}} \times 2.3263$$

である．信頼下界は切り捨て，信頼上界は切り上げて信頼区間を求めると，$1.6 \leqq \mu \leqq 2.0$ となる．　□

問 13　ある予備校が実施した模擬試験を受験した生徒の中から無作為に選んだ 50 人の数学の得点の平均は 68.7 点，標準偏差は 11.5 点であった．この模擬試験を受験した生徒の数学の平均点の 95% 信頼区間を求めよ．

3.2.4　母比率の区間推定

3.1.2 項で述べたように，政党支持率や視聴率の調査で対象となる母集団は，その個体の特性がある条件を満たすか満たさないかに限られる二項母集団である．ここでは，ある条件を満たす特性をもつ個体が母集団の中で占める割合を

表す母比率 p を区間推定するための公式を導く.

■ **母比率の区間推定**　母比率が p の二項母集団から抽出した大きさ n の標本の標本度数を N, 標本比率を P とする. このとき定理 6 より, n が十分に大きければ,

$$Z = \frac{P - p}{\sqrt{pq/n}}$$

は標準正規分布 $N(0, 1)$ に従うと考えてよい. よって, 与えられた $\alpha\ (0 < \alpha < 1)$ に対して,

$$P\left(-z(\alpha/2) \leq \frac{P - p}{\sqrt{pq/n}} \leq z(\alpha/2)\right) = P(|Z| \leq z(\alpha/2)) = 1 - \alpha$$

が成り立つ. 標本比率 P の実現値を p_0 として, 上式の左辺の括弧内の不等式を変形すると

$$p_0 - \sqrt{\frac{p(1-p)}{n}} \cdot z(\alpha/2) \leq p \leq p_0 + \sqrt{\frac{p(1-p)}{n}} \cdot z(\alpha/2)$$

となるが, 標本比率 P は母比率 p の不偏推定量なので (問 9), 上式の平方根内の母比率 p を P の実現値 p_0 で推定すれば, 次の公式が得られる.

●**公式 4 (二項母集団の母比率の区間推定)**　二項母集団から抽出した大きさ n の標本の標本比率の実現値を p_0 とするとき, n が十分に大きければ, 母比率 p の $100(1 - \alpha)$%信頼区間は

$$p_0 - \sqrt{\frac{p_0(1-p_0)}{n}} \cdot z(\alpha/2) \leq p \leq p_0 + \sqrt{\frac{p_0(1-p_0)}{n}} \cdot z(\alpha/2)$$

で与えられる.

例題 15　ある新聞が行った世論調査で首相を支持するかしないかを尋ねたところ, 600 人中 358 人が支持すると回答した. 首相の支持率の 98%信頼区間を求めよ.

解　$n = 600$ は十分に大きいので, 母比率 p の区間推定の公式 4 が使える. 公式に $n = 600$, $p_0 = 358/600 = 0.5967$, $z(0.01) = 2.3263$ を代入すると,

$$0.5967 - \sqrt{\frac{0.5967 \times 0.4033}{600}} \times 2.3263$$
$$\leq p \leq 0.5967 + \sqrt{\frac{0.5967 \times 0.4033}{600}} \times 2.3263$$

である．信頼下界は切り捨て，信頼上界は切り上げて信頼区間を求めると，$0.55 \leqq p \leqq 0.65$ となる．よって，信頼区間を百分率で表せば，55%以上65%以下となる．　□

　問 14　ラグビーのワールドカップでの日本対アイルランド戦の視聴率調査では，500人中 172 人が試合をテレビで見たと回答した．この試合の視聴率の 95%信頼区間を求めよ．

3.2.5　母分散の区間推定

　ここでは，正規母集団 $N(\mu, \sigma^2)$ から抽出した大きさ n の標本 X_1, X_2, $\cdots$, X_n の実現値から母分散 σ^2 を区間推定する公式を導く．標本分散を S^2，標本の不偏分散を U^2 とすると，定理 7 より，統計量

$$\chi^2 = \frac{nS^2}{\sigma^2} = \frac{(n-1)U^2}{\sigma^2}$$

は自由度 $n-1$ の χ^2 分布に従う．よって，与えられた α $(0 < \alpha < 1)$ に対して，

$$P\left(\chi^2_{n-1}(1-\alpha/2) \leqq \frac{(n-1)U^2}{\sigma^2} \leqq \chi^2_{n-1}(\alpha/2)\right) = 1-\alpha,$$

$$P\left(\chi^2_{n-1}(1-\alpha/2) \leqq \frac{nS^2}{\sigma^2} \leqq \chi^2_{n-1}(\alpha/2)\right) = 1-\alpha$$

が成り立つ．ただし，$\chi^2_{n-1}(\alpha/2)$ と $\chi^2_{n-1}(1-\alpha/2)$ はそれぞれ自由度 $n-1$ の χ^2 分布の $\alpha/2$ 点と $1-\alpha/2$ 点である (図 3.9).

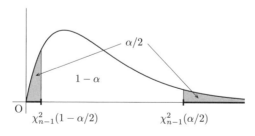

図 3.9　自由度 $n-1$ の χ^2 分布の $\alpha/2$ 点

　そこで，標本分散 S^2 の実現値を s^2，不偏分散 U^2 の実現値を u^2 として，左辺の括弧内の不等式を σ^2 で解けば，次の公式が得られる．

●**公式 5（正規母集団の母分散の区間推定）**　正規母集団 $N(\mu, \sigma^2)$ から抽出した大きさ n の標本の標本分散の実現値を s^2, 不偏分散の実現値を u^2 とすると, 母分散 σ^2 の $100(1-\alpha)$%信頼区間は

$$\frac{(n-1)u^2}{\chi_{n-1}^2(\alpha/2)} \leqq \sigma^2 \leqq \frac{(n-1)u^2}{\chi_{n-1}^2(1-\alpha/2)},$$

または

$$\frac{ns^2}{\chi_{n-1}^2(\alpha/2)} \leqq \sigma^2 \leqq \frac{ns^2}{\chi_{n-1}^2(1-\alpha/2)}$$

で与えられる.

例題 16　ある地点で微小粒子状物質 (PM2.5) の濃度 $[\mu g/m^3]$ を測定して, 次のデータを得た.

$$20.5 \quad 22.3 \quad 21.4 \quad 18.3 \quad 19.8 \quad 23.4 \quad 20.8 \quad 17.5$$

PM2.5 の濃度は正規分布に従うと仮定して, この地点の PM2.5 の濃度の標準偏差の 95%信頼区間を求めよ.

解　母集団分布は正規分布と仮定しているので, 公式 5 が使える. データから $\bar{x} = 20.5$, $u^2 = 3.84$ となる. また, $\chi_7^2(0.025) = 16.01$, $\chi_7^2(0.975) = 1.69$ である. これらを公式に代入すると,

$$\frac{7 \times 3.84}{16.01} \leqq \sigma^2 \leqq \frac{7 \times 3.84}{1.69}$$

である. 信頼下界は切り捨て, 信頼上界は切り上げて信頼区間を求めると, $1.2 \leqq \sigma \leqq 4.0$ となる.　□

問 15　ある飲料メーカーが販売している栄養ドリンクのカフェイン含有量 $[mg/本]$ を調べ, 次のデータを得た.

$$40.5 \quad 38.9 \quad 39.6 \quad 41.2 \quad 40.8 \quad 42.3 \quad 40.1 \quad 37.9 \quad 39.3 \quad 40.7$$

栄養ドリンクのカフェイン含有量は正規分布に従うと仮定して, このメーカーの栄養ドリンクのカフェイン含有量の標準偏差の 99%信頼区間を求めよ.

———————————————— **問題 3.2** ————————————————

1.　成人男性 100 名の身長を調べたところ, その平均は $170.2\,cm$ であった. 成人男性の平均身長の 99%信頼区間を求めよ. ただし, 成人男性の身長は標準偏差 $5\,cm$ の正規分布に従うとする.

2. ある会社の電球を 320 個調べたところ，その平均寿命は 2020 時間であった．この会社の電球の平均寿命の 95%信頼区間を求めよ．ただし，この会社の電球の寿命は標準偏差 160 時間の正規分布に従うとする．

3. ある試験を受けた学生 70 人の平均点を調べたところ，100 点満点中 57 点であった．この試験の平均点の 90%信頼区間を求めよ．ただし，この試験の得点の標準偏差は 20 点であることがわかっているとする．

4. 成人男性の平均身長の 95%信頼区間の幅が 2 cm 以下になるようにするには，何人の成人男性を測定すればよいか．ただし，成人男性の身長は標準偏差 6 cm の正規分布に従うとする．

5. ある会社の電球の平均寿命の 99%信頼区間の幅が 20 時間以下になるようにするには電球を何個調べればよいか．ただし，この会社の電球の寿命は標準偏差 120 時間の正規分布に従うとする．

6. 350 mL 入りの缶ビール 8 本の内容量を調べたところ，次のデータを得た．

   349.2   350.1   351.5   350.8   350.6   350.2   349.7   351.9

缶ビールの内容量が正規分布に従うと仮定し，缶ビールの内容量の平均値の 90%信頼区間と分散の 90%信頼区間を求めよ．

7. 成人男性 10 人の体重 [kg] を調べたところ，次のデータを得た．

   62.5   60.1   72.0   50.8   66.3   65.2   58.2   56.9   68.2   63.8

成人男性の体重が正規分布に従うと仮定し，成人男性の平均体重の 95%信頼区間と分散の 95%信頼区間を求めよ．

8. 缶詰 400 個の内容量を調べたところ，平均 360 g，標準偏差 5 g であった．この缶詰の内容量の 99%信頼区間を求めよ．

9. ある製品 150 個の重量を調べたところ，平均 123.2 kg，標準偏差 2.7 kg であった．この製品の重量の 98%信頼区間を求めよ．

10. 画鋲を 1000 回投げたところ，そのうち 612 回は針が上を向いた．画鋲を投げたときに針が上に向く確率の 80%信頼区間を求めよ．

11. ある世論調査で内閣を支持するか尋ねたところ，800 人中 343 人が支持すると回答した．内閣支持率の 95%信頼区間を求めよ．

3.3 統計的仮説検定

この節では，母集団に対して標本調査を行い，得られたデータから母平均，母分散，母比率などの母数に関する仮説が正しいかどうかを判断する方法を述べる．

3.3.1 仮説検定の考え方

母集団の母数に関する主張を**仮説**といい，標本調査により得られたデータから仮説の真偽を判断することを**仮説検定**という．まず，仮説検定の考え方を具体例で説明する．

投げたときに表と裏の出る確率が等確率の 1/2 である硬貨を "正常な硬貨" とよぶことにする．手もとにあるおもちゃの硬貨は表と裏の図柄がかなり違うし，少し歪んでもいるので，表が出る確率が本当に 1/2 かどうか気になる．この疑問を仮説検定で解消するにはどうしたらよいであろうか．

■ **母集団分布の設定** 手もとにあるおもちゃの硬貨を投げたときに表が出る確率を p とし，母比率が p の二項母集団を考える．すなわち，各個体の特性が「表」と「裏」の 2 つしかない二項母集団の中で，特性が「表」である個体の占める割合を p とする．

■ **帰無仮説と対立仮説** 二項母集団の母比率 p に関して，次の仮説

$$\mathrm{H}_0 : p = \frac{1}{2}$$

を立てる．仮説の検定者は，本当は手もとにあるおもちゃの硬貨は正常ではないと疑っているので，仮説 H_0 と対立した仮説

$$\mathrm{H}_1 : p \neq \frac{1}{2}$$

も設定する．仮説 H_0 は否定されることを予想して立てる仮説なので**帰無仮説**といい，帰無仮説と対立した本来主張したい仮説 H_1 を**対立仮説**という．

■ **検定統計量の設定** 帰無仮説が正しいかどうかは，標本調査で得られるデータから判断する．今回はおもちゃの硬貨を 300 回投げることにする．このとき標本 $X_1, X_2, \cdots, X_n$ は「表」か「裏」が 300 個並んだ特性の系列となるが，「表」には 1，「裏」には 0 を対応させれば，各標本変量 X_i は 1 か 0 の値をとる確率変数となる．そこで，おもちゃの硬貨を 300 回投げたときに表が出

る回数を N とすると，仮説 H_0 が正しければ，母比率 $p = \dfrac{1}{2}$ なので，定理6の直前で述べたことより，確率変数 N は二項分布 $B\left(300, \dfrac{1}{2}\right)$ に従う．よって，その平均は150，分散は75となる．標本の大きさ $n = 300$ は十分に大きいので，定理6より統計量

$$Z = \frac{N - 150}{\sqrt{75}}$$

は近似的に標準正規分布 $N(0,1)$ に従う．そこで以下では，この統計量 Z を用いて検定を行う．一般に，検定で用いる統計量を**検定統計量**という．

■ **有意水準の設定**　仮説検定では，帰無仮説 H_0 が正しいと仮定したときに得られる検定統計量 Z の実現値により，H_0 が正しいかどうかを判断する．それゆえ，その判断には母集団からどんな標本が抽出されるかに起因した一定の不確実さがともなう．帰無仮説 H_0 は正しいのにそれを棄却してしまう確率を $\alpha\ (0 < \alpha < 1)$ とし，この値 α を**有意水準**または**危険率**という．有意水準は検定結果の科学的あるいは社会的影響度を考慮して，検定者が検定作業に先だって設定する．通常は，1% $(\alpha = 0.01)$，5% $(\alpha = 0.05)$，10% $(\alpha = 0.10)$ などの有意水準が用いられる．

■ **棄却域の設定**　今回は有意水準5%，すなわち $\alpha = 0.05$ として検定する．検定統計量 Z は標準正規分布 $N(0,1)$ に従うと考えてよいので，正規分布表 II から $z(\alpha/2) = z(0.025) = 1.96$ を求めれば，

$$P(|Z| \geqq 1.96) = 0.05$$

となる．上式は，仮説 H_0 が正しいときに検定統計量 Z が $|Z| \geqq 1.96$ を満たす確率は5%であることを示している．

さて，実際に標本を抽出して得られたデータから Z の実現値 z の値を計算したとき，その値が $|z| \geqq 1.96$ を満たしたとしよう．このとき，次の2通りの考え方がある．

- 高々5%の確率でしか起きない珍しいことがたまたま起きた．
- 帰無仮説 H_0 がそもそも正しくない．

仮説検定では常に後者の考え方を採用する．すなわち，検定統計量 Z の実現値 z が領域 $|z| \geqq 1.96$ に属するとき，帰無仮説 H_0 は正しくないと判断して，H_0 を棄却し，対立仮説 H_1 を採択する．帰無仮説 H_0 が棄却される領域のこと

を**棄却域**という. z の値が棄却域に入らない場合は, 95%の確率で起こる普通の出来事が起きたので, 帰無仮説 H_0 が正しくないと積極的に判断する理由は見当たらない. そこで, この場合は H_0 は棄却できない.

■ **検定結果**　いよいよ実際に標本調査を行う. 今回はおもちゃの硬貨を 300 回投げたところ, 表が 168 回出たとする. このとき Z の実現値

$$z = \frac{168 - 150}{\sqrt{75}} = 2.0785$$

は棄却域に入るので帰無仮説 H_0 は棄却され, 対立仮説 H_1 が採択される. すなわち,「手もとにあるおもちゃの硬貨は正常でない」と主張できる. なお, Z の実現値は四捨五入して小数点以下 4 桁の数値 2.0785 に丸めているが, これは正規分布表 II から求めた $z(0.025)$ の値は厳密な数値としての 1.96 ではなく, 実際には四捨五入して小数点以下 4 桁に丸めた数値 1.9600 であることによる. このように検定統計量の実現値は, 棄却域の範囲を表す数値の小数点以下の桁数と同じ桁数で求めれば十分である.

　一方, おもちゃの硬貨を 300 回投げたところ, 表が 165 回出た場合はどのような結論になるであろうか. このときは, Z の実現値は

$$z = \frac{165 - 150}{\sqrt{75}} = 1.7321$$

となり, 棄却域に入らない. よって, 帰無仮説 H_0 を棄却する積極的な理由は見当たらない. この場合は,「手もとにあるおもちゃの硬貨は, (今回得られたデータからは) 異常であるとはいえない」という主張になる.

■ **p 値**　仮説検定において, 帰無仮説 H_0 が正しい場合に, 検定統計量がその実現値より起こりにくい値をとる確率を **p 値**といい, この値と有意水準 α の値を比較することでも, 帰無仮説 H_0 が棄却できるかどうかを判断できる. 例えば, 今回の検定において, Z の実現値が $z = 2.0785$ のときは H_0 は棄却されるが, そのときの p 値は $p = P(|Z| > 2.0785) = 0.038$ で, 有意水準 $\alpha = 0.05$ より小さい. 一方, 実現値 $z = 1.7321$ のときは H_0 は棄却できない. このときの p 値は $p = P(|Z| > 1.7321) = 0.083$ となり, 有意水準より大きな値になっている. このように, 検定結果に p 値も含めれば, 帰無仮説を棄却するかどうかの判断に追加情報を盛り込めるが, 以下では省略する.

　問 16　おもちゃの硬貨の例で, 硬貨を 300 回投げたところ表が 168 回出たとする. 帰無仮説 H_0 が棄却できるかどうかを有意水準 1%で検定せよ.

3.3.2 母平均の検定

以下では，正規母集団の未知の母平均に関する仮説検定について，母分散が既知の場合と未知の場合に分けて説明する．

■ **母分散が既知の場合**　母分散 σ^2 が既知の正規母集団 $N(\mu, \sigma^2)$ の母平均 μ に関する仮説の検定方法は以下のとおりである．まず，μ_0 を定数として，帰無仮説

$$H_0 : \mu = \mu_0$$

に対して，対立仮説を

$$H_1 : \mu \neq \mu_0$$

と設定する．すなわち，仮説の検定者が本来主張したいことは，$\mu \neq \mu_0$ であるとする．

仮説 H_0 が正しいと仮定すると，母集団分布は $N(\mu_0, \sigma^2)$ となるので，そこから抽出した大きさ n の標本の標本平均 $\overline{X}$ を標準化した

$$Z = \frac{\overline{X} - \mu_0}{\sigma/\sqrt{n}}$$

は，定理 4 より標準正規分布 $N(0,1)$ に従う．この Z を検定統計量として用いる．一般に，標準正規分布に従う検定統計量を用いた検定を **Z 検定** という．

■ **両側検定と片側検定**　母数 θ に関する検定において，帰無仮説

$$H_0 : \theta = \theta_0$$

に対して，対立仮説を

$$H_1 : \theta \neq \theta_0$$

と設定する場合は，棄却域は検定統計量が従う分布の両側にとる．このような検定を **両側検定** という．実際，有意水準 $100\alpha\%$ の Z 検定において，対立仮説が $H_1 : \mu \neq \mu_0$ の場合は，検定統計量 Z の実現値が正の値となるか負の値となるかは事前にはわからないので，棄却域を領域 $|z| \geq z(\alpha/2)$ のように分布の両側に設定して検定を行う必要がある．

検定の問題によっては，帰無仮説 $H_0 : \theta = \theta_0$ に対して，本来主張したいことが $\theta > \theta_0$ や $\theta < \theta_0$ であることも多い．例えば，ある工場で製造工程を見直した結果，製品の不良品率 p が，見直し前の不良品率 p_0 と比較して改善されたかどうか，すなわち $p < p_0$ であるかどうかを検定したい場合などである．

一般に，帰無仮説

$$H_0: \theta = \theta_0$$

に対して，対立仮説を

$$H_1: \theta > \theta_0$$

と設定する場合は，棄却域は検定統計量の分布の右側にとり，対立仮説を

$$H_1: \theta < \theta_0$$

と設定する場合は，棄却域を左側にとるのが良いとされている．棄却域を検定統計量の分布の右側にとる検定を**右側検定**，左側にとる検定を**左側検定**といい，これらを総称して**片側検定**という．

以上をまとめると，母平均 μ に関する仮説の有意水準 $100\alpha\%$ での Z 検定では，

- 対立仮説 $H_1: \mu \neq \mu_0$ に対する棄却域は領域 $|z| \geq z(\alpha/2)$ （両側検定）
- 対立仮説 $H_1: \mu > \mu_0$ に対する棄却域は領域 $z \geq z(\alpha)$ （右側検定）
- 対立仮説 $H_1: \mu < \mu_0$ に対する棄却域は領域 $z \leq -z(\alpha)$ （左側検定）

と設定することになる (図 3.10)．

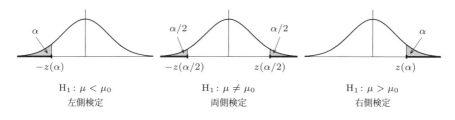

図 3.10　Z 検定の棄却域

■ 第 1 種の誤りと第 2 種の誤り　一般に仮説の検定では，次の 2 種類の誤り，すなわち

- **第 1 種の誤り**　帰無仮説 H_0 は正しいのにそれを棄却する誤り
- **第 2 種の誤り**　帰無仮説 H_0 は正しくないのにそれを棄却しない誤り

が起こる可能性があるが，それらが起こる確率がともに小さいことが望ましい．有意水準 $100\alpha\%$ における数値 α $(0 < \alpha < 1)$ は第 1 種の誤りが起こる確率である．この確率 α は仮説の検定者が決定できる量であり，α の値を小さく

設定すれば第 1 種の誤りが起こる確率は小さくできる. 一方, 仮説の検定者は第 2 種の誤りの起こる確率それ自体は決定できないが, その確率が小さくなるように棄却域を設定することは可能である. 例えば, 母平均 μ の Z 検定において, 対立仮説を $H_1: \mu > \mu_0$ と設定するときは, Z の実現値が負になることは想定されていない. それゆえ, 両側検定のように分布の両側に均等に棄却域 $|z| \geqq z(\alpha/2)$ を設定するよりは, 右側だけに棄却域 $z \geqq z(\alpha)$ を設定するほうが棄却域の範囲が広がるので, 帰無仮説 H_0 は正しくないのに Z の実現値が棄却域を逃れてしまう可能性を小さくできる. このように, 片側検定には第 2 種の誤りが起こる確率を小さくする役割がある.

例題 17 日本人成人男子の身長は, 平均が 171.7 cm, 標準偏差が 5.6 cm の正規分布に従うとする. ある地区の成人男子 20 人を無作為に選び, その身長を測定したところ, 平均が 169.2 cm であった. この地区の成人男子の平均身長は全国平均と異なるといえるか. 有意水準 5% で検定せよ.

解 帰無仮説 H_0 と対立仮説 H_1 を

$$H_0: \mu = 171.7, \quad H_1: \mu \neq 171.7$$

と設定して, 有意水準 $\alpha = 0.05$ で両側検定する. 棄却域は

$$|z| \geqq z(0.025) = 1.9600$$

である. 標本平均 $\overline{X}$ の実現値は 169.2 なので, 検定統計量 Z の実現値 z は

$$z = \frac{169.2 - 171.7}{5.6/\sqrt{20}} = -1.9965$$

となるから棄却域に入り, 仮説 H_0 は棄却される. すなわち, この地区の成人男子の平均身長は全国平均と異なるといえる. □

問 17 ある輸入車の従来型の燃費は平均が 18.2 km/L, 標準偏差が 1.8 km/L の正規分布に従っている. モデルチェンジで新しいエンジンを搭載した車から無作為に 10 台選んで燃費を測定したところ, その平均は 19.5 km/L であった. モデルチェンジした車の燃費は従来型より向上したといえるか. 有意水準 1% で検定せよ.

■ **母分散が未知の場合** 帰無仮説を

$$H_0: \mu = \mu_0$$

とする. 仮説 H_0 が正しいと仮定すると母集団分布は $N(\mu_0, \sigma^2)$ となるが, 母分

散 σ^2 は未知である．そこで区間推定の場合と同様に，不偏分散 U^2 から定まる

$$T = \frac{\overline{X} - \mu_0}{U/\sqrt{n}}$$

を検定統計量として用いる．

定理 8 より T は自由度 $n-1$ の t 分布に従うので，対立仮説の設定の仕方に応じて，有意水準 $100\alpha\%$ の棄却域を

- 対立仮説が $\mathrm{H}_1 : \mu \neq \mu_0$ のときは領域 $|t| \geqq t_{n-1}(\alpha/2)$　（両側検定）
- 対立仮説が $\mathrm{H}_1 : \mu > \mu_0$ のときは領域 $t \geqq t_{n-1}(\alpha)$　（右側検定）
- 対立仮説が $\mathrm{H}_1 : \mu < \mu_0$ のときは領域 $t \leqq -t_{n-1}(\alpha)$　（左側検定）

と設定して検定を行う (図 3.11)．一般に，t 分布に従う検定統計量を用いた検定を **t 検定**という．

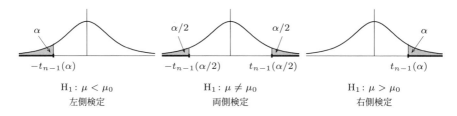

図 3.11　t 検定の棄却域

例題 18　ある会社が販売している健康食品のパッケージには，内容量は $100\,\mathrm{g}$ と表示されている．この会社に消費者から内容量が表示より少ないのではないかというクレームが寄せられた．そこで，会社の品質管理部門が製造ラインから無作為に 10 個の標本を抽出し内容量を調べたところ，次のデータを得た．

97.2　102.1　95.7　97.2　101.3　99.8　94.9　96.7　100.5　99.5

内容量は表示より少ないといえるか．有意水準 5% で検定せよ．ただし，内容量は正規分布に従うとする．

解　母分散未知の正規母集団の母平均についての検定なので，t 検定を行う．帰無仮説 H_0 と対立仮説 H_1 を

$$\mathrm{H}_0 : \mu = 100, \quad \mathrm{H}_1 : \mu < 100$$

と設定して，有意水準 $\alpha = 0.05$ で左側検定する．棄却域は

$$t \leqq -t_9(0.05) = -1.833$$

である．標本平均 $\overline{X}$ の実現値は 98.49，不偏分散 U^2 の実現値は 6.10 なので，検定統計量 T の実現値 t は

$$t = \frac{98.49 - 100}{\sqrt{6.10}/\sqrt{10}} = -1.933$$

となるから棄却域に入り，仮説 H_0 は棄却される．すなわち，内容量は表示より少ないといえる．　□

問 18　ある会社では直径 4 mm のボルトを販売している．この会社のボルトの購入者から，ボルトの直径が 4 mm より大きいのではないかとの苦情がきた．そこで会社では在庫の中から無作為に 8 本のボルトを抽出して直径を測定したところ，次のデータを得た．

4.12　4.15　3.98　3.89　4.05　4.13　3.98　4.09

この会社が販売しているボルトの直径は 4 mm より大きいといえるか．有意水準 5% で検定せよ．ただし，ボルトの直径は正規分布に従うとする．

■ **大標本の場合**　標本が大標本 ($n > 30$) の場合には，母集団分布が未知でも，区間推定の場合と同様に，未知の母集団の分散 σ^2 を標本の不偏分散の実現値 u^2 で置き換えた検定統計量

$$Z = \frac{\overline{X} - \mu_0}{u/\sqrt{n}}$$

を用いた Z 検定が近似的に有効である．

3.3.3　母比率の検定

ここでは，二項母集団の母比率 p に関する仮説を大標本から得られる標本比率の実現値を用いて検定する方法を述べる．

p_0 を定数として，帰無仮説を

$$\mathrm{H}_0 : p = p_0$$

とする．仮説 H_0 が正しいと仮定すると，区間推定の場合と同様に，標本の大きさ n が十分に大きいときには，定理 6 より，標本比率 P を標準化した

$$Z = \frac{P - p_0}{\sqrt{p_0(1 - p_0)/n}}$$

は近似的に標準正規分布 $N(0, 1)$ に従う．よって，この Z を検定統計量として Z 検定を行えばよい．

例題 19   1 年前の調査では，あるスマートフォンを購入した顧客のうち 58%
が 25 歳以下の若者であった．このスマートフォンを最近購入した顧客 500 人
について新たに調査したところ，そのうちの 270 人が 25 歳以下であった．この
スマートフォンの顧客層に変化があったといえるか．有意水準 5%で検定せよ．

解   母比率 p に関する仮説の検定を行う．帰無仮説 H_0 と対立仮説 H_1 を

$$\mathrm{H}_0 \colon p = 0.58, \quad \mathrm{H}_1 \colon p \neq 0.58$$

と設定して，有意水準 $\alpha = 0.05$ で両側検定する．棄却域は

$$|z| \geqq z(0.025) = 1.9600$$

である．標本比率 P の実現値は 0.54 なので，検定統計量 Z の実現値 z は

$$z = \frac{0.54 - 0.58}{\sqrt{0.58 \times (1 - 0.58)/500}} = -1.8122$$

となり棄却域に入らない．よって仮説 H_0 は棄却できない．すなわち，このス
マートフォンの顧客層に変化があったとはいえない．   □

問 19   ある病気で手術した患者の 5 年生存率は従来は 65%であった．新たに画期的
な手術法が発見された結果，最近では同じ状況で手術をした 130 人のうち，5 年後に健
在の人は 98 人であった．この病気の手術後 5 年生存率は向上したといえるか．有意水
準 1%で検定せよ．

3.3.4   母分散の検定

正規母集団 $N(\mu, \sigma^2)$ の未知の分散 σ^2 に関する仮説を検定するには次のよう
にすればよい．

$\sigma_0 > 0$ を定数として，帰無仮説を

$$\mathrm{H}_0 \colon \sigma^2 = \sigma_0^2$$

とする．仮説 H_0 が正しいと仮定すると，定理 7 より，標本分散 S^2 または不偏
分散 U^2 から定まる

$$\chi^2 = \frac{nS^2}{\sigma_0^2} = \frac{(n-1)U^2}{\sigma_0^2}$$

は自由度 $n - 1$ の χ^2 分布に従う．

そこで，この χ^2 を検定統計量として用い，対立仮説の設定の仕方に応じて，
有意水準 100α%の棄却域を，

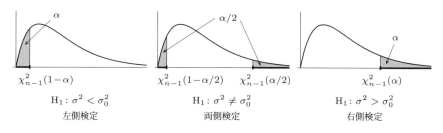

$$\mathrm{H}_1 : \sigma^2 < \sigma_0^2$$
左側検定

$$\mathrm{H}_1 : \sigma^2 \neq \sigma_0^2$$
両側検定

$$\mathrm{H}_1 : \sigma^2 > \sigma_0^2$$
右側検定

図 3.12 自由度 $n-1$ の χ^2 検定の棄却域

- 対立仮説が $\mathrm{H}_1 : \sigma^2 \neq \sigma_0^2$ のときは 2 つの領域

$$x \leq \chi_{n-1}^2(1 - \alpha/2), \quad x \geq \chi_{n-1}^2(\alpha/2)$$

の合併領域 (両側検定)
- 対立仮説が $\mathrm{H}_1 : \sigma^2 > \sigma_0^2$ のときは領域 $x \geq \chi_{n-1}^2(\alpha)$ （右側検定）
- 対立仮説が $\mathrm{H}_1 : \sigma^2 < \sigma_0^2$ のときは領域 $x \leq \chi_{n-1}^2(1 - \alpha)$ （左側検定）

と設定して検定を行う (図 3.12). 一般に, χ^2 分布に従う検定統計量を用いた検定を **χ^2 検定**という.

例題 20 ある食品会社が製造する商品の内容量 [g] は, 標準偏差 0.42 の正規分布に従うことが知られていた. この会社では新しい機械を導入して, 製品の内容量のばらつきの改善を図った. 実際に改善されたかを調査するために, 生産ラインの中から無作為に製品を抽出してその内容量を測定したところ, 次のデータを得た.

$$20.25 \quad 19.98 \quad 19.75 \quad 20.03 \quad 20.54 \quad 19.98 \quad 20.04$$

新しい機械の導入により, 製品の内容量のばらつきは小さくなったといえるか. 有意水準 5%で検定せよ.

解 正規母集団の未知の分散 σ^2 に関する仮説検定なので, χ^2 検定を行う. 帰無仮説 H_0 と対立仮説 H_1 を

$$\mathrm{H}_0 : \sigma^2 = 0.42^2, \quad \mathrm{H}_1 : \sigma^2 < 0.42^2$$

と設定して, 有意水準 $\alpha = 0.05$ で左側検定を行う. 棄却域は

$$x \leq \chi_6^2(1 - 0.05) = \chi_6^2(0.95) = 1.635$$

である. 標本分散 S^2 の実現値は 0.05336 なので, 検定統計量 χ^2 の実現値 x は

$$x = \frac{7 \times 0.05336}{0.42^2} = 2.117$$

となり棄却域に入らない．よって仮説 H_0 は棄却できない．すなわち，内容量のばらつきが小さくなったとはいえない．　□

問 20　ある会社が製造しているアルカリ乾電池の寿命を定められた方法で検査すると，製造直後では標準偏差 0.32 時間の正規分布に従うことが知られている．1 年前に買ったこの会社のアルカリ乾電池が 12 本未使用だったので，その寿命を同じ方法で検査したところ，標準偏差は 0.42 時間であった．この会社が製造するアルカリ乾電池の寿命のばらつきは，製造から 1 年経過すると変化するといえるか．有意水準 10%で検定せよ．

問題3.3

1.　成人男性の体重は平均が 62.7 kg，標準偏差が 9.6 kg の正規分布に従うとする．ある地区の成人男性 36 人を無作為に選び，その体重を測定したところ，平均が 60.5 kg であった．この地区の成人男性の平均体重は全国平均と異なるといえるか．有意水準 5%で検定せよ．

2.　250 g 入りの缶詰 10 本の内容量を調べたところ，平均値は 247.5 g であった．メーカーはホームページで，缶詰の内容量は平均 250 g，標準偏差 3.2 g の正規分布に従うと表示している．この表示は正当であるといえるか．有意水準 1%で左側検定せよ．

3.　ある工場で製造される電球の寿命は平均 2000 時間，標準偏差 120 時間の正規分布に従うと公表されている．この工場の電球を 150 個調べたところ，その平均が 1960 時間であった．この工場の公表は正しいと認められるか．有意水準 2%で検定せよ．

4.　500 mL 入りのジュース 8 本の内容量を調べたところ，次のデータを得た．

499.2　500.1　500.5　500.8　500.2　498.2　499.7　499.7

内容量は表示より少ないといえるか．有意水準 5%で検定せよ．ただし，内容量は正規分布に従うとする．

5.　ある模試の受験者の中から，年収が 1000 万円以上の世帯の子ども 10 人を選んで数学の得点を調べたところ，次のデータを得た．

62　55　43　40　88　32　48　70　61　51

この模試の受験者全体の数学の平均点は 45.5 点であった．年収が 1000 万円以上の世帯の子どもの数学の平均点は受験者全体の平均点より高いといえるか．有意水準 10%で検定せよ．

6.　さいころを 120 回投げたら 1 の目が 28 回出た．これが異常なことか，有意水準 5%で右側検定せよ．

7.　ある新聞社では内閣支持率の調査を行っており，1 月の調査では内閣支持率が 42.6%であった．2 月の調査で 900 人に内閣を支持するかを尋ねたところ，352 人が支

持すると回答した. 2 月の内閣支持率は 1 月の内閣支持率に比べて下がったといってよいか. 有意水準 1%で検定せよ.

8. 大きな紙の上一面に間隔 6 cm の平行線を引き, その上に長さ 4 cm の針を投げる実験を 500 回行ったところ, 針と直線が交差した回数は 219 回であった. このとき交差する確率が $4/(3\pi)$ と等しいといえるか. 有意水準 1%で検定せよ.

9. ある飲食店で提供される牛丼の量は, 標準偏差 15 g の正規分布に従うことが知られている. この飲食店のオーナーは牛丼の量のばらつきを抑えるため新しい盛り付け方を考案し, 実際に盛り付けた牛丼の量を調べたところ, 次のデータを得た.

$$352 \quad 355 \quad 360 \quad 345 \quad 342 \quad 356 \quad 365 \quad 351 \quad 360$$

新しい盛り付け方でばらつきが小さくなったといえるか. 有意水準 5%で検定せよ.

10. ある工場で作る糸の強度は, 標準偏差 1.5 kg の正規分布に従うことが知られている. 糸の強度のばらつきを改善するため, 生産ラインを改良し, 20 本の糸の強度を調べたところ, 標準偏差は 1.3 kg であった. 糸の強度のばらつきが小さくなったといえるか. 有意水準 1%で検定せよ.

付録 **A**

A.1 重要な確率分布の期待値と分散

ここでは，二項分布，ポアソン分布，正規分布の期待値と分散に関する第 1
章の定理 8，定理 9，定理 10 の証明を与える．

■ **定理 8 の証明** 二項定理

$$\sum_{i=0}^{n} {}_nC_i\, a^i b^{n-i} = (a+b)^n$$

の両辺を a で偏微分して，a をかけると

$$\sum_{i=0}^{n} i\, {}_nC_i\, a^i b^{n-i} = na(a+b)^{n-1} \tag{A.1}$$

が成り立つ．上式で $a=p$，$b=q$ とおけば，$p+q=1$ より，

$$E[X] = \sum_{i=0}^{n} i\, {}_nC_i\, p^i q^{n-i} = np$$

を得る．また，(A.1) の両辺を a で偏微分して，a をかけると

$$\sum_{i=0}^{n} i^2{}_nC_i\, a^i b^{n-i} = na(a+b)^{n-1} + n(n-1)a^2(a+b)^{n-2}$$

が成り立つ．上式で $a=p$，$b=q$ とおけば，

$$E[X^2] = \sum_{i=0}^{n} i^2{}_nC_i\, p^i q^{n-i} = np + n(n-1)p^2$$

117

を得るので, 第 1 章の定理 7 の (1) より,

$$V[X] = E[X^2] - E[X]^2 = npq$$

となる. □

■ **定理 9 の証明**　指数関数のマクローリン展開

$$e^t = \sum_{i=0}^{\infty} \frac{t^i}{i!}$$

を t で微分して, t をかけると

$$\sum_{i=0}^{\infty} i \frac{t^i}{i!} = te^t \tag{A.2}$$

が成り立つ. 上式で $t = \lambda$ とおけば,

$$E[X] = \sum_{i=0}^{\infty} ie^{-\lambda} \frac{\lambda^i}{i!} = e^{-\lambda} \sum_{i=0}^{\infty} i \frac{\lambda^i}{i!} = \lambda$$

を得る. また, (A.2) を t で微分して, t をかけると

$$\sum_{i=0}^{\infty} i^2 \frac{t^i}{i!} = te^t + t^2 e^t$$

となるので, $t = \lambda$ とおけば,

$$E[X^2] = \sum_{i=0}^{\infty} i^2 e^{-\lambda} \frac{\lambda^i}{i!} = \lambda + \lambda^2$$

となり,

$$V[X] = E[X^2] - E[X]^2 = \lambda$$

を得る. □

正規分布の期待値と分散を求めるには, 公式

$$\frac{1}{\sqrt{2\pi}} \int_{-\infty}^{\infty} e^{-\frac{x^2}{2}} dx = 1 \tag{A.3}$$

が役に立つ.

■ **定理 10 の証明**　公式 (A.3) より,

$$E[X] = \frac{1}{\sqrt{2\pi}\sigma} \int_{-\infty}^{\infty} xe^{-\frac{(x-\mu)^2}{2\sigma^2}} dx$$

$$= \frac{1}{\sqrt{2\pi}} \int_{-\infty}^{\infty} (\sigma z + \mu) e^{-\frac{z^2}{2}} dz \quad \left(z = \frac{x - \mu}{\sigma} \right)$$

$$= \frac{\sigma}{\sqrt{2\pi}} \int_{-\infty}^{\infty} z e^{-\frac{z^2}{2}} dz + \frac{\mu}{\sqrt{2\pi}} \int_{-\infty}^{\infty} e^{-\frac{z^2}{2}} dz$$

$$= \frac{\sigma}{\sqrt{2\pi}} \int_{-\infty}^{\infty} z e^{-\frac{z^2}{2}} dz + \mu$$

となる. ここで,

$$\int_{-\infty}^{\infty} z e^{-\frac{z^2}{2}} dz = \lim_{a,b \to \infty} \int_{-a}^{b} z e^{-\frac{z^2}{2}} dz = \lim_{a,b \to \infty} \left[-e^{-\frac{z^2}{2}} \right]_{-a}^{b} = 0 \qquad (A.4)$$

なので, $E[X] = \mu$ となる. また, (A.3) と (A.4) より,

$$E[X^2] = \frac{1}{\sqrt{2\pi}\sigma} \int_{-\infty}^{\infty} x^2 e^{-\frac{(x-\mu)^2}{2\sigma^2}} dx$$

$$= \frac{1}{\sqrt{2\pi}} \int_{-\infty}^{\infty} (\sigma z + \mu)^2 e^{-\frac{z^2}{2}} dz \quad \left(z = \frac{x-\mu}{\sigma} \right)$$

$$= \frac{\sigma^2}{\sqrt{2\pi}} \int_{-\infty}^{\infty} z^2 e^{-\frac{z^2}{2}} dz + \frac{2\sigma\mu}{\sqrt{2\pi}} \int_{-\infty}^{\infty} z e^{-\frac{z^2}{2}} dz + \frac{\mu^2}{\sqrt{2\pi}} \int_{-\infty}^{\infty} e^{-\frac{z^2}{2}} dz$$

$$= \frac{\sigma^2}{\sqrt{2\pi}} \int_{-\infty}^{\infty} z^2 e^{-\frac{z^2}{2}} dz + \mu^2$$

となる. ここで, (A.3) より,

$$\int_{-\infty}^{\infty} z^2 e^{-\frac{z^2}{2}} dz = \lim_{a,b \to \infty} \int_{-a}^{b} z^2 e^{-\frac{z^2}{2}} dz$$

$$= \lim_{a,b \to \infty} \left(\left[-z e^{-\frac{z^2}{2}} \right]_{-a}^{b} + \int_{-a}^{b} e^{-\frac{z^2}{2}} dz \right)$$

$$= \sqrt{2\pi}$$

なので, $E[X^2] = \sigma^2 + \mu^2$ である. よって

$$V[X] = E[X^2] - E[X]^2 = \sigma^2$$

となる. □

問 A.1 $\lambda > 0$ は定数とする. 連続型確率変数 X の確率密度関数が $p(x) = \begin{cases} \lambda e^{-\lambda x} & (x \geqq 0) \\ 0 & (x < 0) \end{cases}$ のとき, X はパラメータ λ の**指数分布**に従うという. このとき, $E[X] = \dfrac{1}{\lambda}$, $V[X] = \dfrac{1}{\lambda^2}$ を示せ.

A.2　相関係数の性質

はじめに，相関係数は平行移動や拡大・縮小に関して不変であることを示す．

●**定理 A.1**　X, Y は確率変数，a, b, c, d は定数で，$a > 0$, $c > 0$ とする．このとき，

$$\rho(aX + b, cY + d) = \rho(X, Y)$$

が成り立つ．

証明　第 1 章の定理 12 より，

$$\begin{aligned}
\gamma(aX + b, cY + d) &= E\big[(aX + b - E[aX + b])(cY + d - E[cY + d])\big] \\
&= acE\big[(X - E[X])(Y - E[Y])\big] \\
&= ac\gamma(X, Y)
\end{aligned}$$

となる．また，第 1 章の定理 7 の (2) より，

$$\sigma[aX + b] = a\sigma[X], \qquad \sigma[cY + d] = c\sigma[Y]$$

なので，

$$\begin{aligned}
\rho(aX + b, cY + d) &= \frac{\gamma(aX + b, cY + d)}{\sigma[aX + b]\sigma[cY + d]} \\
&= \frac{\gamma(X, Y)}{\sigma[X]\sigma[Y]} = \rho(X, Y)
\end{aligned}$$

が成り立つ．　□

定理 A.1 を用いて，第 1 章の定理 13 の (3) を示す．

■ **定理 13 の (3) の証明**　定理 A.1 より，$E[X] = E[Y] = 0$ としてよい．実数 t に対して，第 1 章の定理 7 の (1)，定理 12，定理 13 の (2) より，

$$\begin{aligned}
E\big[(tX + Y)^2\big] &= t^2 E[X^2] + 2tE[XY] + E[Y^2] \\
&= t^2\sigma[X]^2 + 2t\gamma(X, Y) + \sigma[Y]^2 \tag{A.5}
\end{aligned}$$

となる．任意の実数 t に対して $E\big[(tX + Y)^2\big] \geqq 0$ なので，(A.5) $= 0$ とおいて得られる t に関する 2 次方程式の判別式は正ではない．よって

$$\gamma(X, Y)^2 - \sigma[X]^2\sigma[Y]^2 \leqq 0$$

より，$|\gamma(X, Y)| \leqq \sigma[X]\sigma[Y]$ が成り立つ．　□

A.3　正規分布の再生性

正規分布の再生性に関する第 1 章の定理 15 を証明する.

■ **定理 15 の証明**　$n = 2$ の場合を示す.　$Z_i = \dfrac{X_i - \mu_i}{\sigma_i}$ $(i = 1, 2)$ は標準正規分布 $N(0, 1)$ に従うので,　$a_1 Z_1 + a_2 Z_2$ が $N(0, a_1^2 + a_2^2)$ に従うことを示せばよい.　簡単のため,　$a_1 = a_2 = 1$ の場合を考える.　任意の実数 z に対して,　Z_1 と Z_2 の独立性より

$$P(Z_1 + Z_2 \leqq z) = \frac{1}{2\pi} \iint_{z_1 + z_2 \leqq z} e^{-\frac{z_1^2}{2} - \frac{z_2^2}{2}} dz_1 dz_2 \tag{A.6}$$

となる.　ここで,　$x = z_1 + z_2$ とおけば,

$$\int_{z_1 + z_2 \leqq z} e^{-\frac{z_1^2}{2}} dz_1 = \int_{-\infty}^{z - z_2} e^{-\frac{z_1^2}{2}} dz_1 = \int_{-\infty}^{z} e^{-\frac{(x - z_2)^2}{2}} dx$$

なので,　$y = z_2$ として,　(A.3) より,

$$\begin{aligned}
P(Z_1 + Z_2 \leqq z) &= \frac{1}{2\pi} \int_{-\infty}^{z} \left\{ \int_{-\infty}^{\infty} e^{-\frac{(x - y)^2}{2} - \frac{y^2}{2}} dy \right\} dx \\
&= \frac{1}{2\pi} \int_{-\infty}^{z} \left\{ \int_{-\infty}^{\infty} e^{-\frac{x^2}{4} - (y - \frac{x}{2})^2} dy \right\} dx \\
&= \frac{1}{2\pi} \left(\int_{-\infty}^{z} e^{-\frac{x^2}{4}} dx \right) \left(\int_{-\infty}^{\infty} e^{-y'^2} dy' \right) \quad \left(y' = y - \frac{x}{2} \right) \\
&= \frac{1}{2\sqrt{\pi}} \int_{-\infty}^{z} e^{-\frac{x^2}{4}} dx
\end{aligned}$$

が成り立つ.　よって,　$Z_1 + Z_2$ の確率密度関数は

$$\frac{d}{dz} P(Z_1 + Z_2 \leqq z) = \frac{1}{2\sqrt{\pi}} e^{-\frac{z^2}{4}}$$

となるが,　右辺は正規分布 $N(0, 2)$ の確率密度関数なので,　$Z_1 + Z_2$ は $N(0, 2)$ に従う.　□

問 A.2　確率変数 X_1 と X_2 は独立とする.　このとき次を示せ.

(1)　X_1, X_2 がそれぞれ二項分布 $B(n_1, p)$, $B(n_2, p)$ に従うならば,　$X_1 + X_2$ は二項分布 $B(n_1 + n_2, p)$ に従う.

(2)　X_1, X_2 がそれぞれパラメータ λ_1, λ_2 のポアソン分布に従うならば,　$X_1 + X_2$ はパラメータ $\lambda_1 + \lambda_2$ のポアソン分布に従う.

付録 B

B.1　ジニ係数とローレンツ曲線

変量 X のデータが x_1, x_2, $\cdots$, x_n のとき，データの差の絶対値 $|x_i - x_j|$ $(i, j = 1, 2, \cdots, n)$ の平均

$$D = \frac{1}{n^2} \sum_{i=1}^{n} \sum_{j=1}^{n} |x_i - x_j|$$

を**平均差**という．このとき，**ジニ係数** G.I. は，平均差 D を平均 $\bar{x}$ の 2 倍で割った量

$$\text{G.I.} = \frac{D}{2\bar{x}}$$

で定義される．変動係数と同様に，ジニ係数は無名数となる．

変量 X のデータが第 2 章の表 2.3 の度数分布表のように，観測値 v_1, v_2, $\cdots$, v_k とその度数 f_1, f_2, $\cdots$, f_k で与えられたとする．ただし，$v_1 < v_2 < \cdots < v_k$ とする．また，累積相対度数を $p_i = (f_1 + f_2 + \cdots + f_i)/n$ で表す．このとき，各観測値 v_i とその度数 f_i の積 $v_i f_i$ を**配分**といい，その累積を配分の合計値で割った**累積配分比率**を

$$q_i = \frac{v_1 f_1 + v_2 f_2 + \cdots + v_i f_i}{v_1 f_1 + v_2 f_2 + \cdots + v_k f_k} \quad (i = 1, 2, \cdots, k) \tag{B.1}$$

で定義する．度数分布表に累積相対度数と累積配分比率を加えたものが表 B.1 である．定義から明らかに，$p_k = q_k = 1$ となる．便宜的に $p_0 = q_0 = 0$ とお

表 B.1　累積相対度数と累積配分比率を含む度数分布表

変量 X の観測値	度数	累積相対度数	累積配分比率
v_1	f_1	p_1	q_1
v_2	f_2	p_2	q_2
$\vdots$	$\vdots$	$\vdots$	$\vdots$
v_k	f_k	1	1

き，図 B.1 のように，横軸に累積相対度数，縦軸に累積配分比率をとり，点 (p_0, q_0) から点 (p_k, q_k) までをプロットする．このとき，これらの点を順に結んでできる折れ線を**ローレンツ曲線**，点 (p_0, q_0) と (p_k, q_k) を結ぶ直線を**均等配分線**という．図 B.1 のように，$p_i \geqq q_i$ $(i = 1, 2, \cdots, k)$ となるのは，観測値を小さい順に並べたためである (問 B.2)．

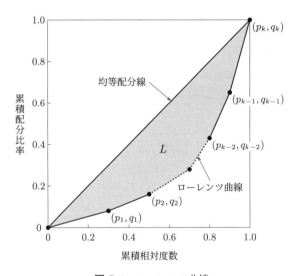

図 B.1　ローレンツ曲線

　ジニ係数は，ローレンツ曲線と均等配分線で囲まれた図形 L の面積の 2 倍に等しいことが知られており，その集団における "不平等さ" の指標として用いられる．図形 L の面積の最大値は 1/2 なので，ジニ係数は $0 \leqq \text{G.I.} \leqq 1$ を満たす．ジニ係数が 0 に近いほど格差は小さく，1 に近いほど格差は大きいと判断される．

変量 X のデータが観測値そのものでなく，第 2 章の表 2.4 の度数分布表のように，階級値 m_1, m_2, $\cdots$, m_k とその度数 f_1, f_2, $\cdots$, f_k で与えられた場合は，(B.1) の観測値 v_1, v_2, $\cdots$, v_k を階級値で置き換えてローレンツ曲線をかき，図形 L の面積からジニ係数を求めることができる．しかし，この場合はジニ係数は近似値しか求まらない．

例題 B.1 N 県に住む 100 世帯の所得を調べたところ，次のデータを得た．このデータのジニ係数を計算し，ローレンツ曲線をかけ．

所得 [万円]	度数 [世帯]	所得 [万円]	度数 [世帯]
100	31	700	19
400	33	1000	17

解 平均は $\bar{x} = 466$ である．また，平均差は

$$
\begin{aligned}
D = \frac{1}{100^2} \times 2 \times \big(& |100 - 400| \times 31 \times 33 + |100 - 700| \times 31 \times 19 \\
& + |100 - 1000| \times 31 \times 17 + |400 - 700| \times 33 \times 19 \\
& + |400 - 1000| \times 33 \times 17 + |700 - 1000| \times 19 \times 17 \big) = 351.24
\end{aligned}
$$

となる．よって，ジニ係数は

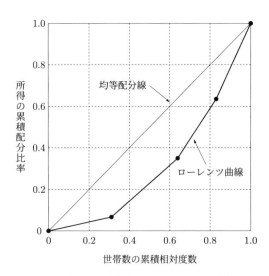

図 B.2　例題 B.1 のローレンツ曲線

$$\text{G.I.} = \frac{D}{2\bar{x}} = \frac{351.24}{2 \times 466} = 0.377$$

である. また, ローレンツ曲線は図 B.2 のようになる. □

一般に, 平均差を求める計算は, データが増えるほど煩雑になる. そのため, 平均差の計算なしにジニ係数を求めることができる次の方法も役に立つ. まず, 累積相対度数と累積配分比率を加えた表を求めると, 次のようになる.

所得 [万円]	度数 [世帯]	累積相対度数	累積配分比率
100	31	0.31	0.0665
400	33	0.64	0.3498
700	19	0.83	0.6352
1000	17	1	1

この表からローレンツ曲線と均等配分線で囲まれた図形 L の面積を求めると,

$$L = 0.5 - \frac{1}{2}\Big\{ 0.31 \times 0.0665 + 0.33 \times (0.0665 + 0.3498)$$
$$+ 0.19 \times (0.3498 + 0.6352) + 0.17 \times (0.6352 + 1)\Big\}$$
$$= 0.1884$$

となり,

$$\text{G.I.} = 0.1884 \times 2 = 0.377$$

を得る.

問 B.1 プロ野球選手 50 人の年俸を調べたところ, 次のデータを得た. このデータのジニ係数を計算し, ローレンツ曲線をかけ.

所得 [万円]	度数 [人]	所得 [万円]	度数 [人]
500	15	4000	9
1000	20	10000	6

問 B.2 表 B.1 のように, 観測値を小さい順に並べて得られる度数分布表の累積相対度数を p_i, 累積配分比率を q_i とするとき, $p_i \geqq q_i \ (i = 1, 2, \cdots, k)$ を示せ. また, すべての i に対して $p_i = q_i$ となるのはどのようなときか答えよ.

付録 C

C.1 確 率 分 布

ここでは χ^2 分布や t 分布について補足した後に，本文中では紹介できなかった等分散の検定で用いられる F 分布について解説する．これらの分布の確率密度関数は，無限積分

$$\Gamma(s) = \int_0^\infty e^{-x} x^{s-1} dx \quad (s > 0)$$

で定義される**ガンマ関数** $\Gamma(s)$ を用いて表すことができる．この無限積分は $s > 0$ に対して収束し，特に

$$\Gamma(1) = 1, \quad \Gamma\left(\frac{1}{2}\right) = \sqrt{\pi}$$

である．また，漸化式

$$\Gamma(s+1) = s\Gamma(s)$$

を満たすので，自然数 n に対しては $\Gamma(n+1) = n!$ となる．

■ **χ^2 分布**　自由度 n の χ^2 分布に従う確率変数 X の確率密度関数 $p(x)$ は

$$p(x) = \begin{cases} \dfrac{1}{2^{\frac{n}{2}}\Gamma\left(\frac{n}{2}\right)} x^{\frac{n}{2}-1} e^{-\frac{x}{2}} & (x > 0) \\ 0 & (x \leqq 0) \end{cases}$$

となり，その平均と分散は，それぞれ

$$E[X] = n, \quad V[X] = 2n$$

である．χ^2 分布は，二項分布や正規分布のように再生性をもつ．すなわち，χ_1^2 と χ_2^2 は独立で，それぞれ自由度 n_1 と n_2 の χ^2 分布に従うならば，$\chi_1^2 + \chi_2^2$ は自由度 $n_1 + n_2$ の χ^2 分布に従う．

例題 C.1　自由度 n の χ^2 分布の確率密度関数 $p(x)$ は $\displaystyle\int_{-\infty}^{\infty} p(x)\,dx = 1$ を満たすことを示せ．

解　$u = x/2$ とおいて置換積分すると，

$$
\begin{aligned}
\int_{-\infty}^{\infty} p(x)\,dx &= \frac{1}{2^{\frac{n}{2}}\Gamma\left(\frac{n}{2}\right)} \int_0^{\infty} (2u)^{\frac{n}{2}-1} e^{-u} \cdot 2\,du \\
&= \frac{1}{2^{\frac{n}{2}}\Gamma\left(\frac{n}{2}\right)} 2^{\frac{n}{2}} \int_0^{\infty} e^{-u} u^{\frac{n}{2}-1}\,du \\
&= \frac{1}{2^{\frac{n}{2}}\Gamma\left(\frac{n}{2}\right)} 2^{\frac{n}{2}} \Gamma\left(\frac{n}{2}\right) = 1
\end{aligned}
$$

となる．　□

問 C.1　確率変数 X が自由度 n の χ^2 分布に従うとき，$E[X] = n$，$V[X] = 2n$ を示せ．

■ **t 分布**　自由度 n の t 分布に従う確率変数 T の確率密度関数 $p(x)$ は

$$
p(x) = \frac{1}{\sqrt{n\pi}} \cdot \frac{\Gamma\left(\frac{n+1}{2}\right)}{\Gamma\left(\frac{n}{2}\right)} \cdot \left(1 + \frac{x^2}{n}\right)^{-\frac{n+1}{2}}
$$

となり，その平均と分散は，それぞれ

$$
E[T] = 0 \quad (n \geqq 2), \quad V[T] = \frac{n}{n-2} \quad (n \geqq 3)
$$

である．自由度 1 の t 分布は**標準コーシー分布**ともよばれ，その確率密度関数は

$$
p(x) = \frac{1}{\pi(1 + x^2)}
$$

である．コーシー分布は平均も分散も定義されない分布として知られている．

例題 C.2　広義積分

$$
B(s,t) = \int_0^1 x^{s-1}(1-x)^{t-1}\,dx \quad (s > 0,\ t > 0)
$$

で定義される**ベータ関数** $B(s,t)$ は，ガンマ関数を用いて

$$B(s,t) = \frac{\Gamma(s) \cdot \Gamma(t)}{\Gamma(s+t)}$$

と表せることが知られている．これを利用して，自由度 n の t 分布の確率密度関数 $p(x)$ は $\displaystyle\int_{-\infty}^{\infty} p(x)\,dx = 1$ を満たすことを示せ．

解 $u = \left(1 + \dfrac{x^2}{n}\right)^{-1}$ とおくと，x が 0 から ∞ まで動くとき，u は 1 から 0 まで動き，$dx = -\dfrac{\sqrt{n}}{2}(1-u)^{-\frac{1}{2}} u^{-\frac{3}{2}} du$ となる．$p(x)$ が偶関数であることに注意して置換積分法で計算すると，

$$\begin{aligned}
\int_{-\infty}^{\infty} p(x)\,dx &= 2\int_{1}^{0} \frac{1}{\sqrt{n\pi}} \frac{\Gamma\left(\frac{n+1}{2}\right)}{\Gamma\left(\frac{n}{2}\right)} \cdot u^{\frac{n+1}{2}} \cdot \left(-\frac{\sqrt{n}}{2}(1-u)^{-\frac{1}{2}} u^{-\frac{3}{2}}\right) du \\
&= \frac{1}{\sqrt{\pi}} \cdot \frac{\Gamma\left(\frac{n+1}{2}\right)}{\Gamma\left(\frac{n}{2}\right)} \cdot B\left(\frac{n}{2}, \frac{1}{2}\right) \\
&= \frac{1}{\sqrt{\pi}} \cdot \frac{\Gamma\left(\frac{n+1}{2}\right)}{\Gamma\left(\frac{n}{2}\right)} \cdot \frac{\Gamma\left(\frac{n}{2}\right)\Gamma\left(\frac{1}{2}\right)}{\Gamma\left(\frac{n+1}{2}\right)} \\
&= \frac{1}{\sqrt{\pi}} \cdot \Gamma\left(\frac{1}{2}\right) = \frac{1}{\sqrt{\pi}} \cdot \sqrt{\pi} = 1
\end{aligned}$$

となる．□

問 C.2 スターリングの公式から導かれる式

$$\lim_{n\to\infty} \frac{\Gamma\left(\frac{n+1}{2}\right)}{\sqrt{n}\,\Gamma\left(\frac{n}{2}\right)} = \frac{1}{\sqrt{2}}$$

を用いて，自由度 n の t 分布の確率密度関数は，$n \to \infty$ のとき標準正規分布 $N(0,1)$ の確率密度関数に収束することを示せ．

■ **F 分布** 確率変数 χ_1^2 と χ_2^2 は独立で，それぞれ自由度 m と n の χ^2 分布に従うとき，確率変数

$$F = \frac{\chi_1^2}{m} \left/ \frac{\chi_2^2}{n}\right.$$

が従う分布を**自由度 (m, n) の F 分布**という．F の確率密度関数 $p(x)$ は

$$p(x) = \begin{cases} \dfrac{\Gamma\left(\frac{m+n}{2}\right)}{\Gamma\left(\frac{m}{2}\right)\Gamma\left(\frac{n}{2}\right)} \cdot \left(\dfrac{m}{n}\right)^{\frac{m}{2}} \cdot \left(1 + \dfrac{m}{n}x\right)^{-\frac{m+n}{2}} x^{\frac{m}{2}-1} & (x > 0) \\[2mm] 0 & (x \leqq 0) \end{cases}$$

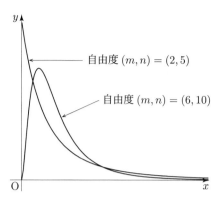

図 C.1　自由度 (m, n) の F 分布の確率密度関数のグラフ

となり，そのグラフの形は自由度 m と n の値の組合せにより，図 C.1 のように変化する．また，F の平均と分散は，それぞれ

$$E[F] = \frac{n}{n-2} \quad (n \geqq 3),$$

$$V[F] = \frac{2n^2\,(m+n-2)}{m(n-2)^2(n-4)} \quad (n \geqq 5)$$

である．

　確率変数 F が自由度 (m, n) の F 分布に従うとき，与えられた $\alpha\,(0 < \alpha < 1)$ に対して，図 C.2 の塗りつぶした部分の面積がちょうど α となる横軸上の点 k，すなわち

$$P(F \geqq k) = \alpha$$

を満たす k の値の近似値を F 分布の **α 点**または **100α%点**といい，$F_{m,n}(\alpha)$ とかく（図 C.2）．

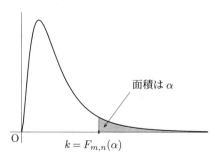

図 C.2　自由度 (m, n) の F 分布の α 点

巻末の **F 分布表** (付表 5) は, $\alpha = 0.1, 0.05, 0.025, 0.01, 0.005$ のときに, 様々な自由度の組 (m, n) に対する $F_{m,n}(\alpha)$ の値を表にまとめたものである. 例えば, $\alpha = 0.05$ に対する付表 5-2 で, $m = 12$, $n = 10$ の交差点の数値を読み取れば, $F_{12,10}(0.05) = 2.91$ となる. 同様に, $\alpha = 0.025$ に対する付表 5-3 より, $F_{5,10}(0.025) = 4.24$ である.

F 分布の定義より,

$$\frac{1}{F} = \frac{\chi_2^2}{n} \bigg/ \frac{\chi_1^2}{m}$$

なので, $1/F$ は自由度 (n, m) の F 分布に従う. よって, 与えられた α $(0 < \alpha < 1)$ に対して

$$P\left(\frac{1}{F} \geqq F_{n,m}(\alpha)\right) = \alpha$$

である. ゆえに

$$P\left(F \geqq \frac{1}{F_{n,m}(\alpha)}\right) = P\left(\frac{1}{F} \leqq F_{n,m}(\alpha)\right) = 1 - \alpha$$

となり, F 分布の α 点は関係式

$$F_{m,n}(1 - \alpha) = \frac{1}{F_{n,m}(\alpha)} \tag{C.1}$$

を満たす. この関係式は F 分布表を使って $1 - \alpha$ 点を求める際に役に立つ.

例題 C.3　F 分布表を用いて次の値を求めよ.

(1)　$F_{10,7}(0.05)$　　　(2)　$F_{8,16}(0.025)$　　　(3)　$F_{12,6}(0.99)$

解　(1)　$\alpha = 0.05$ に対する付表 5-2 より, $F_{10,7}(0.05) = 3.64$ である.

(2)　$\alpha = 0.025$ に対する付表 5-3 より, $F_{8,16}(0.025) = 3.12$ である.

(3)　関係式 (C.1) より,

$$F_{12,6}(0.99) = F_{12,6}(1 - 0.01) = \frac{1}{F_{6,12}(0.01)}$$

である. $\alpha = 0.01$ に対する付表 5-4 より, $F_{6,12}(0.01) = 4.82$ なので,

$$F_{12,6}(0.99) = \frac{1}{4.82} = 0.21$$

となる.　□

問 C.3　F 分布表を用いて次の値を求めよ.

(1)　$F_{6,8}(0.01)$　　　(2)　$F_{20,15}(0.025)$　　　(3)　$F_{15,9}(0.95)$

C.2 母平均の差の検定

2 つの正規母集団 $N(\mu_1, \sigma_1^2)$ と $N(\mu_2, \sigma_2^2)$ からそれぞれ抽出した標本の実現値により，母平均 μ_1 と μ_2 との間に差があるかどうかを検定することを**母平均の差の検定**という．

■ **母分散が既知の場合** 正規母集団 $N(\mu_1, \sigma_1^2)$ から抽出した大きさ n_1 の標本の標本平均を $\overline{X}$，正規母集団 $N(\mu_2, \sigma_2^2)$ から抽出した大きさ n_2 の標本の標本平均を $\overline{Y}$ とし，$\overline{X}$ と $\overline{Y}$ は独立と仮定する．このとき，第 3 章の定理 4 より，$\overline{X}$, $\overline{Y}$ はそれぞれ正規分布 $N\left(\mu_1, \dfrac{\sigma_1^2}{n_1}\right)$, $N\left(\mu_2, \dfrac{\sigma_2^2}{n_2}\right)$ に従うので，第 1 章の定理 15 (正規分布の再生性) より，$\overline{X} - \overline{Y}$ は $N\left(\mu_1 - \mu_2, \dfrac{\sigma_1^2}{n_1} + \dfrac{\sigma_2^2}{n_2}\right)$ に従う．よって，

$$Z = \frac{(\overline{X} - \overline{Y}) - (\mu_1 - \mu_2)}{\sqrt{\dfrac{\sigma_1^2}{n_1} + \dfrac{\sigma_2^2}{n_2}}}$$

は標準正規分布 $N(0,1)$ に従う．

帰無仮説を

$$\mathrm{H}_0 : \mu_1 = \mu_2$$

とする．仮説 H_0 が正しいと仮定すると，

$$Z = \frac{\overline{X} - \overline{Y}}{\sqrt{\dfrac{\sigma_1^2}{n_1} + \dfrac{\sigma_2^2}{n_2}}}$$

となる．この Z を検定統計量として，対立仮説に応じて，有意水準 $100\alpha\%$ の棄却域を

- 対立仮説が $\mathrm{H}_1 : \mu_1 \neq \mu_2$ のときは領域 $|z| \geqq z(\alpha/2)$ （両側検定）
- 対立仮説が $\mathrm{H}_1 : \mu_1 > \mu_2$ のときは領域 $z \geqq z(\alpha)$ （右側検定）
- 対立仮説が $\mathrm{H}_1 : \mu_1 < \mu_2$ のときは領域 $z \leqq -z(\alpha)$ （左側検定）

と設定して Z 検定を行う．

■ **大標本の場合** 標本が大標本 ($n_1 > 30$ かつ $n_2 > 30$) であれば，母集団分布や母分散が未知であっても，未知の母分散 σ_1^2 と σ_2^2 をそれぞれ標本の不偏分散の実現値 u_1^2 と u_2^2 で置き換えた式

$$Z = \frac{\overline{X} - \overline{Y}}{\sqrt{\dfrac{u_1^2}{n_1} + \dfrac{u_2^2}{n_2}}}$$

を検定統計量として用いた Z 検定が近似的に有効である. また, 不偏分散 U^2 と標本分散 S^2 の間には, 関係式

$$\frac{U^2}{n} = \frac{S^2}{n-1}$$

が成り立つので, 検定統計量 Z は標本分散の実現値 s_1^2 と s_2^2 を用いて,

$$Z = \frac{\overline{X} - \overline{Y}}{\sqrt{\dfrac{s_1^2}{n_1 - 1} + \dfrac{s_2^2}{n_2 - 1}}}$$

と表すこともできる.

例題 C.4 A 市と B 市の中学 3 年生男子の体重を比較するため, A 市からは 60 名, B 市からは 70 名を無作為に選んで体重 [kg] を測定したところ, その平均 $\bar{x}_1$, $\bar{x}_2$ と, 標準偏差 s_1, s_2 はそれぞれ

$$\text{A 市:} \quad \bar{x}_1 = 56.6, \quad s_1 = 10.8$$
$$\text{B 市:} \quad \bar{x}_2 = 60.3, \quad s_2 = 10.5$$

であった. A 市と B 市では中学 3 年生男子の体重に差があるかどうかを有意水準 10% で検定せよ.

解 標本は大標本なので, 母平均の差の検定 (大標本の場合) を用いる. A 市と B 市の中学 3 年生男子の体重の平均をそれぞれ μ_1, μ_2 とする. 帰無仮説 H_0 と対立仮説 H_1 を

$$\mathrm{H}_0 : \mu_1 = \mu_2, \quad \mathrm{H}_1 : \mu_1 \neq \mu_2$$

と設定して, 有意水準 $\alpha = 0.1$ で両側検定する. 棄却域は

$$|z| \geq z(0.05) = 1.6449$$

である. A 市からの標本の標本平均 $\overline{X}$ の実現値は $\bar{x}_1 = 56.6$, B 市からの標本の標本平均 $\overline{Y}$ の実現値は $\bar{x}_2 = 60.3$ なので, 検定統計量 Z の実現値 z は

$$z = \frac{56.6 - 60.3}{\sqrt{\dfrac{10.8^2}{59} + \dfrac{10.5^2}{69}}} = -1.9569$$

となり棄却域に入る．よって仮説 H_0 は棄却される．すなわち，A 市と B 市では中学 3 年生男子の体重に差があるといえる．　□

　　問 C.4　ある部品を異なる 2 つの材料 A と材料 B を使って作ったときに強度 $[N/mm^2]$ に差があるかを調べるため，材料 A と材料 B を使ってそれぞれ 100 個の部品を試作して強度実験を行った．その結果，材料 A を使った部品と材料 B を使った部品の強度の平均値 $\bar{x}_1$, $\bar{x}_2$ と，標準偏差 s_1, s_2 はそれぞれ

$$材料 A: \quad \bar{x}_1 = 120, \quad s_1 = 15$$
$$材料 B: \quad \bar{x}_2 = 115, \quad s_2 = 13$$

であった．材料 A を使った場合と材料 B を使った場合では，強度に差があるかどうかを有意水準 5% で検定せよ．

C.3　等分散の検定

　2 つの正規母集団 $N(\mu_1, \sigma_1^2)$ と $N(\mu_2, \sigma_2^2)$ の分散 σ_1^2 と σ_2^2 が等しいかどうかを検定することを**等分散の検定**という．等分散の検定では F 分布が使われる．一般に，F 分布に従う検定統計量を用いた検定を **F 検定**という．

　正規母集団 $N(\mu_1, \sigma_1^2)$, $N(\mu_2, \sigma_2^2)$ からそれぞれ抽出した大きさ n_1, n_2 の標本の不偏分散を U_1^2, U_2^2 とすると，第 3 章の定理 7 より，統計量

$$\frac{(n_1 - 1)U_1^2}{\sigma_1^2}, \quad \frac{(n_2 - 1)U_2^2}{\sigma_2^2}$$

はそれぞれ自由度 $n_1 - 1$ の χ^2 分布，自由度 $n_2 - 1$ の χ^2 分布に従う．

　等分散の両側検定では，帰無仮説

$$H_0: \sigma_1^2 = \sigma_2^2$$

に対して，対立仮説を

$$H_1: \sigma_1^2 \neq \sigma_2^2$$

と設定する．仮説 H_0 が正しいと仮定すると，$\sigma_1^2 = \sigma_2^2$ なので，

$$F = \frac{(n_1 - 1)U_1^2}{(n_1 - 1)\sigma_1^2} \bigg/ \frac{(n_2 - 1)U_2^2}{(n_2 - 1)\sigma_2^2} = \frac{U_1^2}{U_2^2}$$

は自由度 $(n_1 - 1, n_2 - 1)$ の F 分布に従う．そこで，この確率変数 F を検定統計量として用いる．このとき，有意水準 100α% での両側検定の棄却域は，F の分布の左端にとった f の領域

$$f \leq F_{n_1-1, n_2-1}(1 - \alpha/2)$$

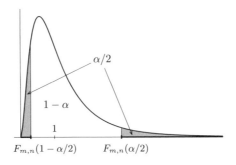

図 C.3 F 検定の棄却域

と右端にとった f の領域

$$f \geqq F_{n_1-1, n_2-1}(\alpha/2)$$

の合併領域となる (図 C.3).

すなわち，不偏分散 U_1^2, U_2^2 の実現値をそれぞれ u_1^2, u_2^2 とするとき，その比 $f = u_1^2/u_2^2$ が 1 より小さいほうか大きいほうに著しく偏って棄却域内に入ってしまう場合は，仮説 H_0 は棄却されることになる.

さて，u_1^2 と u_2^2 の値は標本調査をした時点でわかるので，u_1^2 と u_2^2 の大小関係もその時点で判明する．このことを利用すると，等分散の検定はすべて右側検定に帰着できる．実際，$u_1^2 > u_2^2$ のときは $f = u_1^2/u_2^2 > 1$ となるので，F の実現値 f は分布の左端の棄却域に入ることはない．よって，棄却域を分布の右端に $f \geqq F_{n_1-1, n_2-1}(\alpha/2)$ と設定するだけでよい．一方，$u_1^2 < u_2^2$ のときは，F の代わりに

$$\frac{1}{F} = \frac{U_2^2}{U_1^2}$$

を検定統計量とすれば，$1/F$ の実現値は $1/f = u_2^2/u_1^2 > 1$ となるので，$1/F$ の分布の左端の棄却域には入らない．F 分布の定義より，$1/F$ は自由度 (n_2-1, n_1-1) の F 分布に従うので，この場合も棄却域を分布の右端に設定するだけでよい.

以上により，等分散の検定では，検定統計量 F と有意水準 $100\alpha\%$ での棄却域を，対立仮説 H_1 に応じて，

- $H_1 : \sigma_1^2 \neq \sigma_2^2$ のときは，
  - $u_1^2 > u_2^2$ ならば，$F = U_1^2/U_2^2$，棄却域は領域 $f \geqq F_{n_1-1, n_2-1}(\alpha/2)$
  - $u_1^2 < u_2^2$ ならば，$F = U_2^2/U_1^2$，棄却域は領域 $f \geqq F_{n_2-1, n_1-1}(\alpha/2)$
- $H_1 : \sigma_1^2 > \sigma_2^2$ のときは，$F = U_1^2/U_2^2$，棄却域は領域 $f \geqq F_{n_1-1, n_2-1}(\alpha)$

- $H_1 : \sigma_1^2 < \sigma_2^2$ のときは，$F = U_2^2/U_1^2$，棄却域は領域 $f \geqq F_{n_2-1,n_1-1}(\alpha)$
と設定して検定すればよい．

例題 C.5 S 大学では，前期日程試験と後期日程試験の合格者で入学後の成績のばらつきに違いがあるかを調査するために，前期日程試験の合格者の中から 10 名，後期日程試験の合格者の中から 7 名を無作為に抽出して，2 年終了時の GPA (Grade Point Average) を調べたところ，次のデータを得た．

前期: 2.15　2.54　3.43　2.72　1.98　2.89　3.67　3.13　2.77　2.31

後期: 3.31　2.04　1.99　2.85　3.17　2.78　2.48

前期日程試験の合格者と後期日程試験の合格者では，2 年終了時の GPA の分散が異なるかどうかを有意水準 5% で検定せよ．ただし，GPA の分布は正規分布に従うとする．

解 等分散の検定を行う．前期日程試験と後期日程試験の合格者の 2 年終了時の GPA の分散をそれぞれ σ_1^2, σ_2^2 とする．帰無仮説 H_0 と対立仮説 H_1 を

$$H_0 : \sigma_1^2 = \sigma_2^2, \quad H_1 : \sigma_1^2 \neq \sigma_2^2$$

と設定して，有意水準 $\alpha = 0.05$ で両側検定する．データから前期日程試験合格者の GPA の不偏分散 u_1^2 と後期日程試験合格者の GPA の不偏分散 u_2^2 を計算すると，$u_1^2 = 0.296$, $u_2^2 = 0.2665$ であり，$u_1^2 > u_2^2$ となる．よって，棄却域は

$$f \geqq F_{9,6}(0.025) = 5.52$$

である．検定統計量 $F = U_1^2/U_2^2$ の実現値 f は

$$f = \frac{0.296}{0.2665} = 1.11$$

なので棄却域に入らない．ゆえに仮説 H_0 は棄却できない．すなわち，2 年終了時の GPA の分散が異なるとはいえない．　□

問 C.5 果樹園 A と果樹園 B から出荷される同じ品種のりんごの糖度 [%] を比べると，果樹園 B のほうがばらつきが大きいと噂されている．そこで，両果樹園から出荷されたりんごの糖度を調べたところ，次のデータを得た．

果樹園 A: 15.3　14.9　15.2　15.5　14.8　14.7　15.7　15.3　14.8

果樹園 B: 14.6　15.2　14.5　13.9　15.2　15.8　15.3　13.7　14.1

果樹園 B のりんごのほうが果樹園 A のりんごより糖度のばらつきが大きいといえるかを有意水準 5% で検定せよ．ただし，この品種のりんごの糖度は正規分布に従うとする．

C.4　適合度の検定

　母集団について仮定した統計的モデルが正しいかどうかを判定する検定方式を**適合度の検定**という.

　母集団は互いに排反な r 個の部分集団 C_1, C_2, $\cdots$, C_r に分割されているとし, これら部分集団に属する個体が母集団の中で占める割合, すなわち各部分集団の母比率の組を p_1, p_2, $\cdots$, p_r とする. 適合度の検定では, この母比率の組が具体的な値の組 $\widehat{p}_1$, $\widehat{p}_2$, $\cdots$, $\widehat{p}_r$ と一致するかどうかを, 帰無仮説

$$\mathrm{H}_0\colon \text{すべての } i \in \{1, 2, \cdots, r\} \text{ に対して } p_i = \widehat{p}_i$$

に対して, 対立仮説を

$$\mathrm{H}_1\colon \text{ある } i \in \{1, 2, \cdots, r\} \text{ に対して } p_i \neq \widehat{p}_i$$

と設定して検定する. ただし,

$$0 \leqq \widehat{p}_i \leqq 1 \ (i = 1, 2, \cdots, r), \quad \widehat{p}_1 + \widehat{p}_2 + \cdots + \widehat{p}_r = 1$$

である.

　仮説 H_0 が正しい場合は, 母集団から抽出した大きさ n の標本をクラス分けして, 各部分集団 C_1, C_2, $\cdots$, C_r に属する度数を求めれば, それらは理論的にはそれぞれ $n\widehat{p}_1$, $n\widehat{p}_2$, $\cdots$, $n\widehat{p}_r$ となるはずである. この理論値を**期待度数**という. 一方, 母集団から抽出した大きさ n の標本は実際には確率変数なので, それをクラス分けして求めた各部分集団 C_1, C_2, $\cdots$, C_r に属する度数 N_1, N_2, $\cdots$, N_r もやはり確率変数となる. これらを**観測度数**という.

部分集団	C_1	C_2	$\cdots\cdots$	C_r	計
母 比 率	$\widehat{p}_1$	$\widehat{p}_2$	$\cdots\cdots$	$\widehat{p}_r$	1
期待度数	$n\widehat{p}_1$	$n\widehat{p}_2$	$\cdots\cdots$	$n\widehat{p}_r$	n
観測度数	N_1	N_2	$\cdots\cdots$	N_r	n

このとき, 観測度数 N_i と期待度数 $n\widehat{p}_i$ のくい違いの程度を表す

$$\chi^2 = \sum_{i=1}^{r} \frac{(N_i - n\widehat{p}_i)^2}{n\widehat{p}_i}$$

は, $n\widehat{p}_i > 5 \ (i = 1, 2, \cdots, r)$ ならば, 近似的に自由度 $r - 1$ の χ^2 分布に従うことが知られている. そこで, この χ^2 を検定統計量とし, その実現値が 0 から大きく離れた値であれば, 仮説 H_0 を棄却する. すなわち, 有意水準 $100\alpha\%$ で

の棄却域を χ^2 分布の右端に

$$x \geqq \chi^2_{r-1}(\alpha)$$

と設定して右側検定を行う．なお，χ^2 分布の自由度が $r-1$ となるのは，観測
度数 N_1, N_2, $\cdots$, N_r の間に関係式

$$\sum_{i=1}^{r} N_i = n$$

が成り立つからであると考えれば理解しやすい．

例題 C.6　日本人の血液型は A 型が 37%，B 型が 22%，O 型が 32%，AB
型が 9% であるとされている．ある地方の住人 300 人の血液型を調べたところ
A 型が 105 人，B 型が 84 人，O 型が 90 人，AB 型が 21 人であった．この地方
の住人の血液型の比率は日本人の血液型の比率と異なると判断してよいかを，
有意水準 5% で検定せよ．

解　この地方の住人を母集団とし，その中で A 型，B 型，O 型，AB 型の血
液型をもつ住人の比率をそれぞれ p, q, r, s とする．帰無仮説

$$\mathrm{H}_0 : p = 0.37,\ q = 0.22,\ r = 0.32,\ s = 0.09$$

に対して，対立仮説を

$$\mathrm{H}_1 : \mathrm{H}_0\ が成り立たない$$

と設定して，有意水準 $\alpha = 0.05$ で適合度の検定をする．棄却域は

$$x \geqq \chi^2_3(0.05) = 7.815$$

である．検定統計量 χ^2 の実現値 x は

$$x = \frac{(105 - 300 \times 0.37)^2}{300 \times 0.37} + \frac{(84 - 300 \times 0.22)^2}{300 \times 0.22}$$

$$+ \frac{(90 - 300 \times 0.32)^2}{300 \times 0.32} + \frac{(21 - 300 \times 0.09)^2}{300 \times 0.09}$$

$$= 6.942$$

なので棄却域に入らない．よって仮説 H_0 は棄却できない．すなわち，この地
方の住人の血液型の比率は日本人の比率と異なるとはいえない．　□

問 C.6　昨シーズンのプロ野球全チームの安打数の比率は，単打が 52.6%，二塁打が
25.0%，三塁打が 6.1%，本塁打が 16.3% であった．一方，優勝チームに限ると，安打総
数 1661 本のうち，単打が 835 本，二塁打が 403 本，三塁打が 115 本，本塁打が 308 本

であった. 優勝チームの安打数の比率は, 全チームの安打数の比率と異なると判断して
よいかを, 有意水準 10% で検定せよ.

C.5 独立性の検定

ある性質 A に着目すれば互いに排反な k 個の部分集団 A_1, A_2, $\cdots$, A_k に分
割でき, 別の性質 B に着目すれば互いに排反な l 個の部分集団 B_1, B_2, $\cdots$,
B_l に分割できる母集団を考える. これら分割された部分集団に属する個体が母
集団の中で占める割合, すなわち, 部分集団 A_1, A_2, $\cdots$, A_k の母比率の組を
p_1, p_2, $\cdots$, p_k, 部分集団 B_1, B_2, $\cdots$, B_l の母比率の組を q_1, q_2, $\cdots$, q_l とす
る. また, 部分集団 A_i と B_j の両方に属する個体が母集団の中で占める割合を
r_{ij} $(i = 1, 2, \cdots, k;\ j = 1, 2, \cdots, l)$ とする. このとき, 確率の事象の独立性の
考え方を準用して, すべての $i = 1, 2, \cdots, k$ と $j = 1, 2, \cdots, l$ に対して

$$r_{ij} = p_i q_j$$

が成り立つとき, 性質 A と性質 B は独立である, すなわち, 両性質の間には何
ら相互依存の関係はないと考える. この性質 A と性質 B の独立性を, 帰無仮説

$$\mathrm{H}_0: すべての\ i\ と\ j\ に対して\ r_{ij} = p_i q_j$$

に対して, 対立仮説を

$$\mathrm{H}_1: ある\ i\ と\ j\ に対して\ r_{ij} \neq p_i q_j$$

と設定して検定することを**独立性の検定**という.

仮説 H_0 が正しければ, 母集団から抽出した大きさ n の標本をクラス分けし
て, A_i と B_j の共通部分に属する度数 n_{ij} を求めれば, 理論的には

$$n_{ij} = n r_{ij} = n p_i q_j \quad (i = 1, 2, \cdots, k;\ j = 1, 2, \cdots, l)$$

となるはずである. この理論値が C.4 節の適合度の検定の期待度数に相当する.
一方, 母集団から抽出した大きさ n の標本は実際には確率変数なので, A_i と
B_j の共通部分に属する度数 N_{ij} も確率変数となる. これが適合度の検定にお
ける観測度数である. そこで, 適合度の検定の考え方に準拠して, この観測度
数 N_{ij} と期待度数 n_{ij} のくい違いの程度を表す

$$\sum_{i=1}^{k} \sum_{j=1}^{l} \frac{(N_{ij} - n_{ij})^2}{n_{ij}}$$

を検定統計量として検定したい. しかし, $n_{ij} = np_i q_j$ なので, 上式には未知の母数 p_i と q_j が含まれており, このままでは利用できない. そこで, 実際には n_{ij} を標本から計算した推定量 $\widehat{n}_{ij}$ で置き換えた

$$\chi^2 = \sum_{i=1}^{k} \sum_{j=1}^{l} \frac{(N_{ij} - \widehat{n}_{ij})^2}{\widehat{n}_{ij}}$$

を検定統計量とし, その実現値が 0 から大きく離れた値であれば仮説 H_0 を棄却する. この検定統計量 χ^2 は, すべての i, j に対して $\widehat{n}_{ij} > 5$ を満たすならば, 近似的に自由度 $(k-1)(l-1)$ の χ^2 分布に従うことが知られている. そこで, 有意水準 $100\alpha\%$ での棄却域を検定統計量の分布の右端に

$$x \geqq \chi^2_{(k-1)(l-1)}(\alpha)$$

と設定して右側検定を行う.

実際の検定では, 母集団から抽出した大きさ n の標本をクラス分けして, 部分集団 A_i と B_j の両方に属する度数 n_{ij} を求め, 下表のような標本の度数表を作成する. ただし,

$$n_{i\bullet} = \sum_{j=1}^{l} n_{ij} \ (i = 1, 2, \cdots, k), \quad n_{\bullet j} = \sum_{i=1}^{k} n_{ij} \ (j = 1, 2, \cdots, l)$$

である.

	B_1	B_2	$\cdots\cdots$	B_l	計
A_1	n_{11}	n_{12}	$\cdots\cdots$	n_{1l}	$n_{1\bullet}$
A_2	n_{21}	n_{22}	$\cdots\cdots$	n_{2l}	$n_{2\bullet}$
$\vdots$	$\vdots$	$\vdots$	$\vdots$	$\vdots$	$\vdots$
A_k	n_{k1}	n_{k2}	$\cdots\cdots$	n_{kl}	$n_{k\bullet}$
計	$n_{\bullet 1}$	$n_{\bullet 2}$	$\cdots\cdots$	$n_{\bullet l}$	n

この標本の度数表から期待度数 n_{ij} の推定値 $\widehat{n}_{ij}$ は

$$\widehat{n}_{ij} = n\widehat{p}_i \widehat{q}_j$$

で計算できる. ここで

$$\widehat{p}_i = \frac{n_{i\bullet}}{n} \ (i = 1, 2, \cdots, k), \quad \widehat{q}_j = \frac{n_{\bullet j}}{n} \ (j = 1, 2, \cdots, l)$$

は, 標本から計算した母比率 $p_1, p_2, \cdots, p_k$ と $q_1, q_2, \cdots, q_l$ の推定値である.

また，検定統計量 χ^2 の実現値の計算には，関係式

$$\chi^2 = \sum_{i=1}^{k} \sum_{j=1}^{l} \frac{N_{ij}^2}{\widehat{n}_{ij}} - n \tag{C.2}$$

を用いると便利である．

例題 C.7 小学生に対するインフルエンザワクチン接種の効果を確認するため，小学生 990 名に対してワクチン接種の有無とインフルエンザへの罹患の有無を尋ねたところ，次の表を得た．

	接種	非接種	計
罹　患	117	61	178
非罹患	646	166	812
計	763	227	990

ワクチン接種の有無とインフルエンザへの罹患の有無には関連があると考えてよいかを，有意水準 5% で検定せよ．

解　帰無仮説

H_0：ワクチン接種の有無とインフルエンザへの罹患の有無には関連がない

に対して，対立仮説を

H_1：ワクチン接種の有無とインフルエンザへの罹患の有無には関連がある

と設定して，有意水準 5% で独立性の検定を行う．棄却域は

$$x \geqq \chi_1^2(0.05) = 3.841$$

である．与えられたデータから期待度数を求めれば下表となる．

	接種	非接種
罹　患	$\dfrac{178 \times 763}{990}$	$\dfrac{178 \times 227}{990}$
非罹患	$\dfrac{812 \times 763}{990}$	$\dfrac{812 \times 227}{990}$

検定統計量 χ^2 の実現値 x を関係式 (C.2) を用いて計算すると，

$$x = \cfrac{117^2}{\cfrac{178 \times 763}{990}} + \cfrac{61^2}{\cfrac{178 \times 227}{990}} + \cfrac{646^2}{\cfrac{812 \times 763}{990}} + \cfrac{166^2}{\cfrac{812 \times 227}{990}} - 990$$

$$= 15.793$$

となり棄却域に入る．よって仮説 H_0 は棄却される．すなわち，ワクチン接種の有無とインフルエンザへの罹患の有無には関連があるといえる． □

問 C.7 あるタレントの好感度調査を行い，次の表を得た．年代と好感度の高低には関連があるといえるかを，有意水準 10% で検定せよ．

	10 代	20 代	30 代	40 代	計
好　き	41	43	31	28	143
嫌　い	33	35	26	22	116
どちらでもない	7	10	11	13	41
計	81	88	68	63	300

解答とヒント

1.1 確　率

問 1　$A \cup B = \{1,3,5,6\}$, $A \cap B = \{3\}$, $B^c = \{1,2,4,5\}$, $A \backslash B = \{1,5\}$,
$P(A \cup B) = 2/3$, $P(A \cap B) = 1/6$, $P(B^c) = 2/3$, $P(A \backslash B) = 1/3$

問 2　$P(A) = 1/3$, $P(A \cap B) = 2/9$, $P(B^c) = 2/3$, $P(A \cup B) = 4/9$, $P(A \backslash B) = 1/9$

問 3　$P(A \cup B) = p + q - r$, $P(B^c) = 1 - q$, $P(A^c \cup B) = 1 - p + r$,
$P(A^c \cap B^c) = 1 - p - q + r$

問 4　$P(A) = 3/5$, $P(B) = 2/5$, $P(B|A) = 5/12$, $P(A|B) = 5/8$. $P(A) \neq P(A|B)$
より, A と B は独立でない.

問 5　$P(A) = 1/4$, $P(A|B) = 1/4$, $P(A|C) = 0$. A と B は独立である. A と C は
独立でない.

問 6　A と B は独立である.

問 7　2/5

問 8　8/23

問 9　9/17

問題 1.1

1.　(1)　120 個　　(2)　15120 個　　(3)　2880 個　　(4)　210 個　　(5)　660 個

2.　(1)　125 個　　(2)　81 通り

3.　(1)　435 通り　　(2)　20 本　　(3)　5775 通り　　(4)　406 通り

4.　(1)　70　　(2)　720　　(3)　360

5.　$A \cup B = \{1,2,3,4,5\}$, $A \cap B = \{3\}$, $A^c = \{4,5,6\}$, $A \backslash B = \{1,2\}$,
$P(A \cup B) = 5/6$, $P(A \cap B) = 1/6$, $P(A^c) = 1/2$, $P(A \backslash B) = 1/3$

6.　大きなさいころの目が a, 小さなさいころの目が b であることを, (a,b) とかくこととする. $A \cap B = \{(1,1), (1,3), (1,5), (3,1), (5,1)\}$,
　$A \backslash B = \{(1,2), (1,4), (1,6), (2,1), (4,1), (6,1)\}$,
　$A \cap C^c = \{(1,1), (1,2), (1,3), (2,1), (3,1)\}$

7.　$P(A) = 1/4$, $P(B) = 1/6$, $P(A \cap B) = 1/9$, $P(A \cup B) = 11/36$

8. (P3) から (P3*) は明らか. 逆は, 数学的帰納法を用いる.

9. $P(B) = 1/3$, $P(B|A) = 5/14$. A と B は独立でない.

10. $P(B) = 3/5$, $P(B|A) = 3/5$. A と B は独立である.

11. A と B は独立でない.

12. $1/3$

13. $15/53$

14. B が担当した割合は $7/30$, D が担当した割合は $1/5$.

1.2 確率分布

問 10 (1) 確率分布表と分布関数は以下のとおり.

X	-3	0	3	6	計
確率	$\dfrac{1}{8}$	$\dfrac{3}{8}$	$\dfrac{3}{8}$	$\dfrac{1}{8}$	1

$$F(x) = \begin{cases} 0 & (x < -3) \\ 1/8 & (-3 \leqq x < 0) \\ 1/2 & (0 \leqq x < 3) \\ 7/8 & (3 \leqq x < 6) \\ 1 & (x \geqq 6) \end{cases}$$

(2) 確率分布表と分布関数は以下のとおり.

X	3	4	5	6	計
確率	$\dfrac{1}{20}$	$\dfrac{3}{20}$	$\dfrac{6}{20}$	$\dfrac{10}{20}$	1

$$F(x) = \begin{cases} 0 & (x < 3) \\ 1/20 & (3 \leqq x < 4) \\ 1/5 & (4 \leqq x < 5) \\ 1/2 & (5 \leqq x < 6) \\ 1 & (x \geqq 6) \end{cases}$$

問 11 (1) $a = 3/4$. 分布関数は

$$F(x) = \begin{cases} 0 & (x < 0) \\ (3x^2 - x^3)/4 & (0 \leqq x < 2) \\ 1 & (x \geqq 2) \end{cases}$$

であり, $P(X \geqq 1) = 1/2$.

(2) $a = 1$. 分布関数は

$$F(x) = \begin{cases} 0 & (x < 0) \\ 1 - e^{-x} & (x \geqq 0) \end{cases}$$

であり, $P(X \geqq 1) = 1/e$.

問 12 (1) $E[X] = 1$, $E[X^2 - 2X] = -7/3$

(2) $E[X] = -3/2$, $E[X^2 - 2X] = -63/10$

問 13 (1) $E[X] = 14/9$, $V[X] = 211/162$ (2) $E[X] = 1/3$, $V[X] = 1/9$

問 14 (1) 確率分布表を求め，二項分布になっていることを示せばよい．

(2) 二項分布であることを仮定し，背理法により示す．

問 15 (1) 0.8465   (2) 0.0124

問 16 (1) 0.2682   (2) 0.1959   (3) 0.6255

問 17 (1) 3.0190   (2) 1.792   (3) 3.9904

問 18 (1) およそ 17200 番目   (2) およそ 102 点

問 19 (1) 0.6528   (2) 0.0146

問 20 (1) 確率分布表は次のようになる．

Y \ X	1	2	3	4	5	6	Y の周辺確率
0	$\dfrac{1}{24}$	$\dfrac{1}{24}$	$\dfrac{1}{24}$	$\dfrac{1}{24}$	$\dfrac{1}{24}$	$\dfrac{1}{24}$	$\dfrac{1}{4}$
1	$\dfrac{2}{24}$	$\dfrac{2}{24}$	$\dfrac{2}{24}$	$\dfrac{2}{24}$	$\dfrac{2}{24}$	$\dfrac{2}{24}$	$\dfrac{2}{4}$
2	$\dfrac{1}{24}$	$\dfrac{1}{24}$	$\dfrac{1}{24}$	$\dfrac{1}{24}$	$\dfrac{1}{24}$	$\dfrac{1}{24}$	$\dfrac{1}{4}$
X の周辺確率	$\dfrac{1}{6}$	$\dfrac{1}{6}$	$\dfrac{1}{6}$	$\dfrac{1}{6}$	$\dfrac{1}{6}$	$\dfrac{1}{6}$	1

また，$P(1 \le X - Y \le 3) = 1/2$, $\gamma(X,Y) = 0$, $\rho(X,Y) = 0$.

(2) 確率分布表は次のようになる．

Y \ X	1	2	3	4	5	6	Y の周辺確率
0	$\dfrac{5}{36}$	$\dfrac{5}{36}$	$\dfrac{3}{36}$	$\dfrac{3}{36}$	$\dfrac{1}{36}$	$\dfrac{1}{36}$	$\dfrac{1}{2}$
1	$\dfrac{6}{36}$	$\dfrac{4}{36}$	$\dfrac{4}{36}$	$\dfrac{2}{36}$	$\dfrac{2}{36}$	0	$\dfrac{1}{2}$
X の周辺確率	$\dfrac{11}{36}$	$\dfrac{9}{36}$	$\dfrac{7}{36}$	$\dfrac{5}{36}$	$\dfrac{3}{36}$	$\dfrac{1}{36}$	1

また，$P(1 \le X - Y \le 3) = 23/36$, $\gamma(X,Y) = -1/24$, $\rho(X,Y) = -3/\sqrt{2555}$.

問 21 (1) 周辺確率密度関数は

$$p_1(x) = \begin{cases} (x+2)/8 & (-2 \le x \le 2) \\ 0 & (その他) \end{cases}, \quad p_2(y) = \begin{cases} -2(y-1)/5 & (-2 \le y \le -1) \\ 0 & (その他) \end{cases}$$

であり，$P(0 \le X - Y \le 1) = 29/240$, $\gamma(X,Y) = 0$, $\rho(X,Y) = 0$.

(2) 周辺確率密度関数は

$$p_1(x) = \begin{cases} x^2/4 + 1/6 & (0 \leqq x \leqq 2) \\ 0 & (その他) \end{cases}, \quad p_2(y) = \begin{cases} -y^2 + 2/3 & (0 \leqq y \leqq 1) \\ 0 & (その他) \end{cases}$$

であり，$P(0 \leqq X - Y \leqq 1) = 11/24$，$\gamma(X, Y) = -1/36$，$\rho(X, Y) = -5\sqrt{177}/354$.

問 22 (1) X と Y は独立である． (2) X と Y は独立でない．

問 23 (1) X と Y は独立でない． (2) X と Y は独立である．

問 24 0.0681

問 25 $4\sqrt{15}/3$ 以上

問 26 0.2929

問題 1.2

1. 確率分布表と分布関数は

X	0	1	計
確率	$\dfrac{1}{2}$	$\dfrac{1}{2}$	1

$$F(x) = \begin{cases} 0 & (x < 0) \\ 1/2 & (0 \leqq x < 1) \\ 1 & (x \geqq 1) \end{cases}$$

であり，期待値と分散は，$E[X] = 1/2$，$V[X] = 1/4$.

2. 確率分布表は

X	1	2	$\cdots$	9	10	計
確率	$\dfrac{1}{10}$	$\dfrac{1}{10}$	$\cdots$	$\dfrac{1}{10}$	$\dfrac{1}{10}$	1

であり，$P(X = 2) = 1/10$，$P(X \geqq 5) = 3/5$. 分布関数は $n = 1, 2, \cdots, 9$ として，

$$F(x) = \begin{cases} 0 & (x < 1) \\ n/10 & (n \leqq x < n + 1) \\ 1 & (x \geqq 10) \end{cases}$$

となる．期待値と分散は，$E[X] = 11/2$，$V[X] = 33/4$.

3. $p = 1/12$，$P(X \geqq 3) = 1/4$，$E[X] = 13/6$，$V[X] = 539/36$

4. $E[4X] = 14$，$V[4X] = 140/3$，$E[\sin(\pi X/2)] = 1/6$，$V[\sin(\pi X/2)] = 17/36$

5. (1) $P(0 \leqq X \leqq 3) = 2/5$, $P(X \geqq 2) = 4/5$, $F(x) = \begin{cases} 0 & (x < 1) \\ (x - 1)/5 & (1 \leqq x < 6), \\ 1 & (x \geqq 6) \end{cases}$

$E[X] = 7/2$，$V[X] = 25/12$

(2) $P(0 \leqq X \leqq 3) = (1 - \cos 3)/2$，$P(X \geqq 2) = (1 + \cos 2)/2$,

$F(x) = \begin{cases} 0 & (x < 0) \\ (1 - \cos x)/2 & (0 \leqq x < \pi), \\ 1 & (x \geqq \pi) \end{cases}$ $E[X] = \pi/2$，$V[X] = \pi^2/4 - 2$

(3) $P(0 \leqq X \leqq 3) = (1 - e^{-3})/2$, $P(X \geqq 2) = e^{-2}/2$,

$$F(x) = \begin{cases} e^x/2 & (x < 0) \\ (2 - e^{-x})/2 & (0 \leqq x) \end{cases}, \quad E[X] = 0, \ V[X] = 2$$

6. (1) $a = 3/32$ (2) $E[X] = 0$, $V[X] = 4/5$

    (3) $E[3X] = 0$, $V[3X] = 36/5$ (4) $E[X^3] = 0$, $V[X^3] = 64/21$

7. 確率分布は

X	0	1	2	3	4	計
確率	$\dfrac{16}{81}$	$\dfrac{32}{81}$	$\dfrac{24}{81}$	$\dfrac{8}{81}$	$\dfrac{1}{81}$	1

であり，期待値と分散は $E[X] = 4/3$, $V[X] = 8/9$.

8. (1) $1/e$ (2) $1/2e$

9. $1/e^2$

10. $1 - 5/e^4$

11. (1) 0.3997   (2) 0.94   (3) 0.7389   (4) 0.3745

12. (1) 0.6526   (2) -1.0069 (3) -0.6098 (4) -0.7858

13. (1) 0.7888   (2) 0.2514   (3) 0.9633

14. (1) 7.698   (2) -0.407 (3) 10.3997

15. (1) およそ 4013 番目   (2) およそ 55 点

16. (1) およそ 628160 番目   (2) およそ 174 cm

17. 0.0287

18. 0.8413

19. 0.0197

20. $P(X = 0, Y = 5) = 2/9$, $P(X \leqq 1) = 1/3$, $P(1 \leqq X + Y \leqq 9) = 4/9$, $\gamma(X, Y) = 0$, $\rho(X, Y) = 0$, X と Y は独立である.

21. $P(X = 1, Y = -2) = 0$, $P(X + Y \geqq 0) = 2/3$, $P(|X| + |Y| \geqq 4) = 1/3$, $\gamma(X, Y) = 32/27$, $\rho(X, Y) = \sqrt{8}/\sqrt{95}$, X と Y は独立でない.

22. 同時確率分布と周辺確率分布は略. $\gamma(X, Y) = -35/6$, $\rho(X, Y) = -1$, X と Y は独立でない.

23. 同時確率分布と周辺確率分布は略. $\gamma(X, Y) = -1/18$, $\rho(X, Y) = -1/2\sqrt{10}$, X と Y は独立でない.

24. (1) $P(X \geqq 1, Y \geqq 1) = 2/3$, $P(X + Y \geqq 2) = 25/27$,

$$p_1(x) = \begin{cases} x/2 & (0 \leqq x \leqq 2) \\ 0 & (その他) \end{cases}, \quad p_2(y) = \begin{cases} 2y/9 & (0 \leqq y \leqq 3) \\ 0 & (その他) \end{cases},$$

$\gamma(X, Y) = 0$, $\rho(X, Y) = 0$, X と Y は独立である.

(2)　$P(X \geqq 1, Y \geqq 1) = 3/8$,　$P(X + Y \geqq 2) = 2/3$,

$$p_1(x) = \begin{cases} (x+1)/4 & (0 \leqq x \leqq 2) \\ 0 & (その他) \end{cases}, \quad p_2(y) = \begin{cases} (y+1)/4 & (0 \leqq y \leqq 2) \\ 0 & (その他) \end{cases},$$

$\gamma(X, Y) = -1/36$,　$\rho(X, Y) = -1/11$,　X と Y は独立でない.

(3)　$P(X \geqq 1, Y \geqq 1) = 1/3$,　$P(X + Y \geqq 2) = 25/54$,

$$p_1(x) = \begin{cases} x/4 & (0 \leqq x \leqq 2) \\ -x/4 & (-2 \leqq x < 0) \\ 0 & (その他) \end{cases}, \quad p_2(y) = \begin{cases} y/9 & (0 \leqq y \leqq 3) \\ -y/9 & (-3 \leqq y < 0) \\ 0 & (その他) \end{cases},$$

$\gamma(X, Y) = 8/3$,　$\rho(X, Y) = 8/9$,　X と Y は独立でない.

25.　$p_1(x) = \dfrac{1}{\sqrt{\pi}} e^{-x^2}$,　$p_2(y) = \dfrac{1}{\sqrt{\pi}} e^{-y^2}$.　X と Y は独立であり, 共分散と相関係数はともに 0 となる.

26.　0.4013

27.　0.7190

28.　$6\sqrt{5}$ 以上

29.　0.3816

2.1　1変量のデータ

問1　度数分布表とヒストグラムは以下のとおり.

階　級	階級値	度数	相対度数	累積度数	累積相対度数
260〜265	262.5	4	0.13	4	0.13
265〜270	267.5	6	0.20	10	0.33
270〜275	272.5	7	0.23	17	0.57
275〜280	277.5	5	0.17	22	0.73
280〜285	282.5	5	0.17	27	0.90
285〜290	287.5	3	0.10	30	1.00
計		30	1		

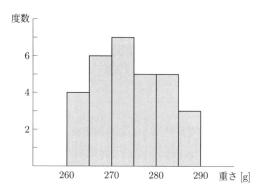

問 2 平均は $\bar{x} = 273.6$，度数分布表を利用した平均は 274.2，差は 0.6 である．

問 3 平均時速は 25.7，算術平均は 26.25 なので，調和平均で求めた平均時速より大きい．

問 4 平均増加率は -0.185%，算術平均も -0.185% なので，算術平均とほぼ同じである．ただし，四捨五入せずに計算すれば，算術平均のほうが少しだけ大きい．

問 5 中央値は 273.5，最頻値は 272.5．

問 6 $d = 4.875$，$S^2 = 35.835$，$S = 5.99$

問 7 C.V. $= 0.0350$

問 8 平均は 171.1，最小値は 160.3，
第 1 四分位数は 166.75，中央値は 172.0，
第 3 四分位数は 175.2，最大値は 180.6 である．
箱ひげ図は右をみよ．

問 9 100 点の生徒の偏差値は 82.35，
0 点の生徒の偏差値は 23.53 である．

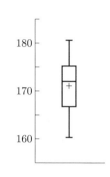

問題 2.1

1. (1) 度数分布表は下表で，最頻値は 67.5 となる．

階級	階級値	度数	相対度数	累積度数	累積相対度数
50〜55	52.5	2	0.10	2	0.10
55〜60	57.5	3	0.15	5	0.25
60〜65	62.5	4	0.20	9	0.45
65〜70	67.5	5	0.25	14	0.70
70〜75	72.5	4	0.20	18	0.90
75〜80	77.5	2	0.10	20	1.00
計		20	1		

(2) ヒストグラムは次のようになる．

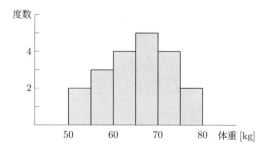

(3) 平均は 62.265，中央値は 65.95 である．

(4)　平均は 65.265, 最小値は 52.2, 第 1 四分位数は 59.75, 中央値は 65.95, 第 3 四分位数は 71.05, 最大値は 78.5 である. 箱ひげ図は下左図をみよ.

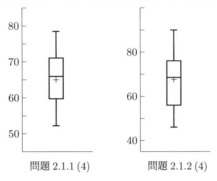

問題 2.1.1 (4)　　　　　　問題 2.1.2 (4)

2. (1)　平均は 68.4, 中央値は 68.5 である.

(2)　$d = 11.8$, $S^2 = 192.04$, $S = 13.86$, C.V. $= 0.203$　　　(3)　65.59

(4)　平均は 68.4, 最小値は 46, 第 1 四分位数は 56, 中央値は 68.5, 第 3 四分位数は 76, 最大値は 90. 箱ひげ図は上右図をみよ.

3. $\bar{x} = 135.1$, $S^2 = 52.24$, $S = 7.23$

4. 算術平均は 7.5, 幾何平均は 5.66, 調和平均は 4.27.

5. 1.71

6. 0.5%

2.2　多変量のデータ

問 10　散布図は問 12 の解答を参照. 平均気温が高いと降雪量が少ないという関係が若干みえる.

問 11　$C_{xy} = -12.56$, $r_{xy} = -0.5678$

問 12　回帰係数は -56.45, 決定係数は 0.3224, 回帰直線は $y = -56.45(x - 12.44) + 157.33$. 散布図と回帰直線は次のとおり.

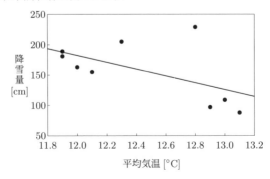

問題 2.2

1. (1) $\bar{x} = 73.7$, $\bar{y} = 74.3$, $S_x^2 = 151.61$, $S_y^2 = 304.81$

(2) $C_{xy} = 171.39$, $r_{xy} = 0.797$ (3) $y = 1.13(x - 73.7) + 74.3$

(4) 散布図と回帰直線は次のとおり.

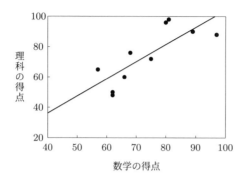

2. (1) $\bar{x} = 12.14$, $\bar{y} = 952.8$, $S_x^2 = 0.1047$, $S_y^2 = 13781$

(2) $C_{xy} = 16.53$, $r_{xy} = 0.435$ (3) $y = 157.9(x - 12.14) + 952.8$

(4) 散布図と回帰直線は次のとおり.

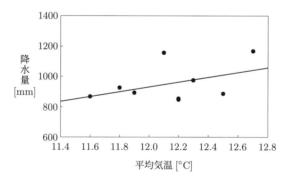

3.1 標 本 分 布

問 1 10

問 2 $\bar{X}^2 - 1/n$ が μ^2 の不偏推定量.

問 3 $a = 0.1814$, $b = 0.9633$, $c = 0.657$

問 4 95

問 5 0.3015

問 6 (1) 37.65   (2) 0.95

問 7 0.95

問 8 (1) −1.325   (2) 2.528   (3) 0.845

問題 3.1

1. $E[\overline{X}] = 4,\ V[\overline{X}] = 8/5$
2. 13
3. $a = 0.6266,\ b = 0.9633,\ c = 4.452$
4. $a = 0.2366,\ b = 0.0793,\ c = -0.1376$
5. 68
6. 33
7. 166 以上
8. 0.1711
9. 0.0262
10. 363 人以下
11. (1) 10.85   (2) 34.17   (3) 0.450   (4) 40.00
12. 0.025
13. 0.1
14. 9 以上
15. (1) 2.508   (2) 0.686   (3) 0.85
16. (1) 2.131   (2) 1.341   (3) 0.1

3.2 統計的推定

問 9 $E[P] = np/n = p$ より, P は母比率 p の不偏推定量.
問 10 $118 \leqq \mu \leqq 137$
問 11 $1.6449 : 1.9600 : 2.5758$, あるいは $1 : 1.1916 : 1.5659$
問 12 $0.242 \leqq \mu \leqq 0.291$
問 13 $65.4 \leqq \mu \leqq 72.0$
問 14 $0.30 \leqq p \leqq 0.39$
問 15 $0.7 \leqq \sigma \leqq 2.9$

問題 3.2

1. $168.9 \leqq \mu \leqq 171.5$
2. $2002 \leqq \mu \leqq 2038$
3. $53 \leqq \mu \leqq 61$
4. 139 人

5. 956 個

6. $349.8 \leqq \mu \leqq 351.2, \ 0.40 \leqq \sigma^2 \leqq 2.61$

7. $58.0 \leqq \mu \leqq 66.8, \ 17.8 \leqq \sigma^2 \leqq 125.4$

8. $359.3 \leqq \mu \leqq 360.7$

9. $122.6 \leqq \mu \leqq 123.8$

10. $0.592 \leqq p \leqq 0.632$

11. $0.394 \leqq p \leqq 0.463$

3.3 統計的仮説検定

問 16 棄却域は $|z| \geqq 2.5758$, 実現値は $z = 2.0785$. 異常とはいえない.

問 17 棄却域は $z \geqq 2.3236$, 実現値は $z = 2.2839$. 向上したとはいえない.

問 18 棄却域は $t \geqq 1.895$, 実現値は $t = 1.511$. 大きいとはいえない.

問 19 棄却域は $z \geqq 2.3263$, 実現値は $z = 2.4824$. 向上したといえる.

問 20 棄却域は $x \leqq 4.575$ または $x \geqq 19.68$, 実現値は $x = 20.67$. 変化したといえる.

問題 3.3

1. 棄却域は $|z| \geqq 1.9600$, 実現値は $z = -1.375$. 異なるとはいえない.

2. 棄却域は $z \leqq -2.3263$, 実現値は $z = -2.4705$. 正当であるとはいえない.

3. 棄却域は $|z| \geqq 2.3263$, 実現値は $z = -4.0825$. 正当であるとはいえない.

4. 棄却域は $t \leqq -1.895$, 実現値は $t = -0.692$. 少ないとはいえない.

5. 棄却域は $t \geqq 1.383$, 実現値は $t = 1.854$. 高いといえる.

6. 棄却域は $z \geqq 1.6449$, 実現値は $z = 1.9596$. 異常といえる.

7. 棄却域は $z \leqq -2.3263$, 実現値は $z = -2.1166$. 下がったとはいえない.

8. 棄却域は $|z| \geqq 2.5758$, 実現値は $z = 0.6147$. 等しいといえる.

9. 棄却域は $\chi^2 \leqq 2.733$, 実現値は $\chi^2 = 1.938$. 小さくなったといえる.

10. 棄却域は $\chi^2 \leqq 7.633$, 実現値は $\chi^2 = 15.022$. 小さくなったとはいえない.

付録 A

問 A.1 期待値の定義より,

$$E[X] = \int_{-\infty}^{\infty} xp(x)\,dx = \int_{0}^{\infty} \lambda x e^{-\lambda x}\,dx$$
$$= -\left[xe^{-\lambda x}\right]_{0}^{\infty} + \int_{0}^{\infty} e^{-\lambda x}dx = \left[-\frac{e^{-\lambda x}}{\lambda}\right]_{0}^{\infty} = \frac{1}{\lambda},$$

$$E[X^2] = \int_{-\infty}^{\infty} x^2 p(x)\, dx = \int_{0}^{\infty} \lambda x^2 e^{-\lambda x}\, dx$$

$$= -\left[x^2 e^{-\lambda x}\right]_0^\infty + \int_0^\infty 2x e^{-\lambda x} dx$$

$$= \left[-2x\frac{e^{-\lambda x}}{\lambda}\right]_0^\infty + \frac{2}{\lambda}\int_0^\infty e^{-\lambda x} dx$$

$$= \frac{2}{\lambda}\left[-\frac{e^{-\lambda x}}{\lambda}\right]_0^\infty = \frac{2}{\lambda^2}$$

なので，第 1 章の定理 7 の (1) より，$V[X] = E[X^2] - E[X]^2 = \dfrac{1}{\lambda^2}$.

問 A.2 (1)　X_1 と X_2 は独立なので，

$$P(X_1 + X_2 = i) = \sum_{j=0}^{i} P(X_1 = j)P(X_2 = i - j)$$

$$= \sum_{j=0}^{i} {}_{n_1}\mathrm{C}_j\, p^j(1-p)^{n_1-j} \cdot {}_{n_2}\mathrm{C}_{i-j}\, p^{i-j}(1-p)^{n_2-i+j}$$

$$= \sum_{j=0}^{i} {}_{n_1}\mathrm{C}_j \cdot {}_{n_2}\mathrm{C}_{i-j}\, p^i(1-p)^{n_1+n_2-i}$$

となる．ここで，

$$\sum_{j=0}^{i} {}_{n_1}\mathrm{C}_j \cdot {}_{n_2}\mathrm{C}_{i-j} = {}_{n_1+n_2}\mathrm{C}_i$$

なので，

$$P(X_1 + X_2 = i) = {}_{n_1+n_2}\mathrm{C}_i\, p^i(1-p)^{n_1+n_2-i}$$

を得る．よって，$X_1 + X_2$ は二項分布 $B(n_1 + n_2, p)$ に従う．

　(2)　X_1 と X_2 は独立なので，

$$P(X_1 + X_2 = i) = \sum_{j=0}^{i} P(X_1 = j)P(X_2 = i - j)$$

$$= \sum_{j=0}^{i} e^{-\lambda_1}\frac{\lambda_1^j}{j!} \cdot e^{-\lambda_2}\frac{\lambda_2^{i-j}}{(i-j)!}$$

$$= e^{-(\lambda_1+\lambda_2)}\sum_{j=0}^{i} \frac{\lambda_1^j}{j!} \cdot \frac{\lambda_2^{i-j}}{(i-j)!}$$

$$= e^{-(\lambda_1+\lambda_2)}\frac{1}{i!}\sum_{j=0}^{i} {}_{i}\mathrm{C}_j\, \lambda_1^j \lambda_2^{i-j}$$

$$= e^{-(\lambda_1+\lambda_2)}\frac{(\lambda_1+\lambda_2)^i}{i!}$$

を得る．よって，$X_1 + X_2$ はパラメータ $\lambda_1 + \lambda_2$ のポアソン分布に従う．

付録 B

問 B.1　G.I. $= 0.544$ である．ローレンツ曲線は次のとおり．

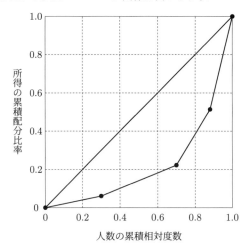

問 B.2　累積配分比率と累積相対度数の定義より，

$$q_i = \frac{\sum_{l=1}^{i} v_l f_l}{\sum_{m=1}^{k} v_m f_m}, \qquad p_i = \frac{\sum_{l=1}^{i} f_l}{\sum_{m=1}^{k} f_m}$$

である．これより，$q_i \leqq p_i$ を示すためには，

$$\left(\sum_{l=1}^{i} v_l f_l \right) \left(\sum_{m=1}^{k} f_m \right) \leqq \left(\sum_{l=1}^{i} f_l \right) \left(\sum_{m=1}^{k} v_m f_m \right)$$

を示せばよい．ここで，$l \leqq m$ ならば $v_l \leqq v_m$ に注意して式変形すれば，

$$\left(\sum_{l=1}^{i} v_l f_l \right) \left(\sum_{m=1}^{k} f_m \right) = \sum_{l=1}^{i} \sum_{m=1}^{k} v_l f_l f_m$$

$$= \sum_{l=1}^{i} \sum_{m=1}^{i} v_l f_l f_m + \sum_{l=1}^{i} \sum_{m=i+1}^{k} v_l f_l f_m$$

$$\leqq \sum_{l=1}^{i} \sum_{m=1}^{i} v_l f_l f_m + \sum_{l=1}^{i} \sum_{m=i+1}^{k} v_m f_l f_m$$

$$= \sum_{l=1}^{i} \sum_{m=1}^{i} v_m f_l f_m + \sum_{l=1}^{i} \sum_{m=i+1}^{k} v_m f_l f_m$$

$$= \sum_{l=1}^{i} \sum_{m=1}^{k} v_m f_l f_m = \left(\sum_{l=1}^{i} f_l \right) \left(\sum_{m=1}^{k} v_m f_m \right)$$

となる．以上より，$q_i \leqq p_i$ が示せた．

すべての i に対して $p_i = q_i$ となるには，上式の不等式の部分がすべての i に対して等号になればよい．このためには，すべての l, m について $v_l = v_m$ であることが必要である．ゆえに，すべての観測値が等しいとき，すべての i に対して $p_i = q_i$ となる．

付録 C

問 C.1 例題 C.1 より，任意の自然数 n に対して，

$$\int_0^\infty x^{\frac{n}{2}-1} e^{-\frac{x}{2}} dx = 2^{\frac{n}{2}} \Gamma\left(\frac{n}{2}\right)$$

が成り立つので，

$$E[X] = \frac{1}{2^{\frac{n}{2}} \Gamma\left(\frac{n}{2}\right)} \int_0^\infty x^{\frac{n+2}{2}-1} e^{-\frac{x}{2}} dx = \frac{1}{2^{\frac{n}{2}} \Gamma\left(\frac{n}{2}\right)} \cdot 2^{\frac{n+2}{2}} \Gamma\left(\frac{n+2}{2}\right)$$

$$= \frac{2}{\Gamma\left(\frac{n}{2}\right)} \cdot \frac{n}{2} \Gamma\left(\frac{n}{2}\right) = n$$

となる．同様にして，

$$E[X^2] = \frac{1}{2^{\frac{n}{2}} \Gamma\left(\frac{n}{2}\right)} \int_0^\infty x^{\frac{n+4}{2}-1} e^{-\frac{x}{2}} dx = \frac{1}{2^{\frac{n}{2}} \Gamma\left(\frac{n}{2}\right)} \cdot 2^{\frac{n+4}{2}} \Gamma\left(\frac{n+4}{2}\right)$$

$$= \frac{4}{\Gamma\left(\frac{n}{2}\right)} \cdot \frac{n+2}{2} \Gamma\left(\frac{n+2}{2}\right)$$

$$= \frac{2(n+2)}{\Gamma\left(\frac{n}{2}\right)} \cdot \frac{n}{2} \Gamma\left(\frac{n}{2}\right) = n(n+2)$$

である．よって，$V[X] = n(n+2) - n^2 = 2n$ となる．

問 C.2 自由度 n の t 分布の確率密度関数を $p_n(x)$ とし，それを変形すると，

$$p_n(x) = \frac{1}{\sqrt{\pi}} \cdot \frac{\Gamma\left(\frac{n+1}{2}\right)}{\sqrt{n}\,\Gamma\left(\frac{n}{2}\right)} \cdot \left\{ \left(1 + \frac{x^2}{n}\right)^{-n} \right\}^{\frac{1}{2}} \cdot \left(1 + \frac{x^2}{n}\right)^{-\frac{1}{2}}$$

である．$n \to \infty$ とすると，

$$p_n(x) \to \frac{1}{\sqrt{\pi}} \cdot \frac{1}{\sqrt{2}} \cdot \left(e^{-x^2}\right)^{\frac{1}{2}} = \frac{1}{\sqrt{2\pi}} e^{-\frac{x^2}{2}}$$

となるので，$p_n(x)$ は標準正規分布 $N(0,1)$ の確率密度関数に収束する．

問 C.3 (1) 6.37 (2) 2.76 (3) 0.39

問 C.4 棄却域は $|z| \geqq 1.9600$，実現値は $z = 2.5063$．差があるといえる．

問 C.5 棄却域は $f \geqq 3.44$，実現値は $f = 4.20$．大きいといえる．

問 C.6 棄却域は $x \geqq 6.251$，実現値は $x = 9.048$．異なるといえる．

問 C.7 棄却域は $x \geqq 10.64$，実現値は $x = 5.11$．関連があるとはいえない．

付　　表

付表 1　正規分布表 I

$$z \to \Phi(z) = \frac{1}{\sqrt{2\pi}} \int_0^z e^{-\frac{x^2}{2}} dx$$

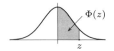

z	0.00	0.01	0.02	0.03	0.04	0.05	0.06	0.07	0.08	0.09
0.0	0.0000	0.0040	0.0080	0.0120	0.0160	0.0199	0.0239	0.0279	0.0319	0.0359
0.1	0.0398	0.0438	0.0478	0.0517	0.0557	0.0596	0.0636	0.0675	0.0714	0.0753
0.2	0.0793	0.0832	0.0871	0.0910	0.0948	0.0987	0.1026	0.1064	0.1103	0.1141
0.3	0.1179	0.1217	0.1255	0.1293	0.1331	0.1368	0.1406	0.1443	0.1480	0.1517
0.4	0.1554	0.1591	0.1628	0.1664	0.1700	0.1736	0.1772	0.1808	0.1844	0.1879
0.5	0.1915	0.1950	0.1985	0.2019	0.2054	0.2088	0.2123	0.2157	0.2190	0.2224
0.6	0.2257	0.2291	0.2324	0.2357	0.2389	0.2422	0.2454	0.2486	0.2517	0.2549
0.7	0.2580	0.2611	0.2642	0.2673	0.2704	0.2734	0.2764	0.2794	0.2823	0.2852
0.8	0.2881	0.2910	0.2939	0.2967	0.2995	0.3023	0.3051	0.3078	0.3106	0.3133
0.9	0.3159	0.3186	0.3212	0.3238	0.3264	0.3289	0.3315	0.3340	0.3365	0.3389
1.0	0.3413	0.3438	0.3461	0.3485	0.3508	0.3531	0.3554	0.3577	0.3599	0.3621
1.1	0.3643	0.3665	0.3686	0.3708	0.3729	0.3749	0.3770	0.3790	0.3810	0.3830
1.2	0.3849	0.3869	0.3888	0.3907	0.3925	0.3944	0.3962	0.3980	0.3997	0.4015
1.3	0.4032	0.4049	0.4066	0.4082	0.4099	0.4115	0.4131	0.4147	0.4162	0.4177
1.4	0.4192	0.4207	0.4222	0.4236	0.4251	0.4265	0.4279	0.4292	0.4306	0.4319
1.5	0.4332	0.4345	0.4357	0.4370	0.4382	0.4394	0.4406	0.4418	0.4429	0.4441
1.6	0.4452	0.4463	0.4474	0.4484	0.4495	0.4505	0.4515	0.4525	0.4535	0.4545
1.7	0.4554	0.4564	0.4573	0.4582	0.4591	0.4599	0.4608	0.4616	0.4625	0.4633
1.8	0.4641	0.4649	0.4656	0.4664	0.4671	0.4678	0.4686	0.4693	0.4699	0.4706
1.9	0.4713	0.4719	0.4726	0.4732	0.4738	0.4744	0.4750	0.4756	0.4761	0.4767
2.0	0.4772	0.4778	0.4783	0.4788	0.4793	0.4798	0.4803	0.4808	0.4812	0.4817
2.1	0.4821	0.4826	0.4830	0.4834	0.4838	0.4842	0.4846	0.4850	0.4854	0.4857
2.2	0.4861	0.4864	0.4868	0.4871	0.4875	0.4878	0.4881	0.4884	0.4887	0.4890
2.3	0.4893	0.4896	0.4898	0.4901	0.4904	0.4906	0.4909	0.4911	0.4913	0.4916
2.4	0.4918	0.4920	0.4922	0.4925	0.4927	0.4929	0.4931	0.4932	0.4934	0.4936
2.5	0.4938	0.4940	0.4941	0.4943	0.4945	0.4946	0.4948	0.4949	0.4951	0.4952
2.6	0.4953	0.4955	0.4956	0.4957	0.4959	0.4960	0.4961	0.4962	0.4963	0.4964
2.7	0.4965	0.4966	0.4967	0.4968	0.4969	0.4970	0.4971	0.4972	0.4973	0.4974
2.8	0.4974	0.4975	0.4976	0.4977	0.4977	0.4978	0.4979	0.4979	0.4980	0.4981
2.9	0.4981	0.4982	0.4982	0.4983	0.4984	0.4984	0.4985	0.4985	0.4986	0.4986
3.0	0.4987	0.4987	0.4987	0.4988	0.4988	0.4989	0.4989	0.4989	0.4990	0.4990
3.1	0.4990	0.4991	0.4991	0.4991	0.4992	0.4992	0.4992	0.4992	0.4993	0.4993
3.2	0.4993	0.4993	0.4994	0.4994	0.4994	0.4994	0.4994	0.4995	0.4995	0.4995
3.3	0.4995	0.4995	0.4995	0.4996	0.4996	0.4996	0.4996	0.4996	0.4996	0.4997
3.4	0.4997	0.4997	0.4997	0.4997	0.4997	0.4997	0.4997	0.4997	0.4997	0.4998

付表 2　正規分布表 II

$$\Phi(z) = \frac{1}{\sqrt{2\pi}} \int_0^z e^{-\frac{x^2}{2}}\, dx \to z$$

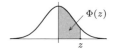

$\Phi(z)$	0.000	0.001	0.002	0.003	0.004	0.005	0.006	0.007	0.008	0.009
0.00	0.0000	0.0025	0.0050	0.0075	0.0100	0.0125	0.0150	0.0175	0.0201	0.0226
0.01	0.0251	0.0276	0.0301	0.0326	0.0351	0.0376	0.0401	0.0426	0.0451	0.0476
0.02	0.0502	0.0527	0.0552	0.0577	0.0602	0.0627	0.0652	0.0677	0.0702	0.0728
0.03	0.0753	0.0778	0.0803	0.0828	0.0853	0.0878	0.0904	0.0929	0.0954	0.0979
0.04	0.1004	0.1030	0.1055	0.1080	0.1105	0.1130	0.1156	0.1181	0.1206	0.1231
0.05	0.1257	0.1282	0.1307	0.1332	0.1358	0.1383	0.1408	0.1434	0.1459	0.1484
0.06	0.1510	0.1535	0.1560	0.1586	0.1611	0.1637	0.1662	0.1687	0.1713	0.1738
0.07	0.1764	0.1789	0.1815	0.1840	0.1866	0.1891	0.1917	0.1942	0.1968	0.1993
0.08	0.2019	0.2045	0.2070	0.2096	0.2121	0.2147	0.2173	0.2198	0.2224	0.2250
0.09	0.2275	0.2301	0.2327	0.2353	0.2378	0.2404	0.2430	0.2456	0.2482	0.2508
0.10	0.2533	0.2559	0.2585	0.2611	0.2637	0.2663	0.2689	0.2715	0.2741	0.2767
0.11	0.2793	0.2819	0.2845	0.2871	0.2898	0.2924	0.2950	0.2976	0.3002	0.3029
0.12	0.3055	0.3081	0.3107	0.3134	0.3160	0.3186	0.3213	0.3239	0.3266	0.3292
0.13	0.3319	0.3345	0.3372	0.3398	0.3425	0.3451	0.3478	0.3505	0.3531	0.3558
0.14	0.3585	0.3611	0.3638	0.3665	0.3692	0.3719	0.3745	0.3772	0.3799	0.3826
0.15	0.3853	0.3880	0.3907	0.3934	0.3961	0.3989	0.4016	0.4043	0.4070	0.4097
0.16	0.4125	0.4152	0.4179	0.4207	0.4234	0.4261	0.4289	0.4316	0.4344	0.4372
0.17	0.4399	0.4427	0.4454	0.4482	0.4510	0.4538	0.4565	0.4593	0.4621	0.4649
0.18	0.4677	0.4705	0.4733	0.4761	0.4789	0.4817	0.4845	0.4874	0.4902	0.4930
0.19	0.4959	0.4987	0.5015	0.5044	0.5072	0.5101	0.5129	0.5158	0.5187	0.5215
0.20	0.5244	0.5273	0.5302	0.5330	0.5359	0.5388	0.5417	0.5446	0.5476	0.5505
0.21	0.5534	0.5563	0.5592	0.5622	0.5651	0.5681	0.5710	0.5740	0.5769	0.5799
0.22	0.5828	0.5858	0.5888	0.5918	0.5948	0.5978	0.6008	0.6038	0.6068	0.6098
0.23	0.6128	0.6158	0.6189	0.6219	0.6250	0.6280	0.6311	0.6341	0.6372	0.6403
0.24	0.6433	0.6464	0.6495	0.6526	0.6557	0.6588	0.6620	0.6651	0.6682	0.6713
0.25	0.6745	0.6776	0.6808	0.6840	0.6871	0.6903	0.6935	0.6967	0.6999	0.7031
0.26	0.7063	0.7095	0.7128	0.7160	0.7192	0.7225	0.7257	0.7290	0.7323	0.7356
0.27	0.7388	0.7421	0.7454	0.7488	0.7521	0.7554	0.7588	0.7621	0.7655	0.7688
0.28	0.7722	0.7756	0.7790	0.7824	0.7858	0.7892	0.7926	0.7961	0.7995	0.8030
0.29	0.8064	0.8099	0.8134	0.8169	0.8204	0.8239	0.8274	0.8310	0.8345	0.8381
0.30	0.8416	0.8452	0.8488	0.8524	0.8560	0.8596	0.8633	0.8669	0.8705	0.8742
0.31	0.8779	0.8816	0.8853	0.8890	0.8927	0.8965	0.9002	0.9040	0.9078	0.9116
0.32	0.9154	0.9192	0.9230	0.9269	0.9307	0.9346	0.9385	0.9424	0.9463	0.9502
0.33	0.9542	0.9581	0.9621	0.9661	0.9701	0.9741	0.9782	0.9822	0.9863	0.9904
0.34	0.9945	0.9986	1.0027	1.0069	1.0110	1.0152	1.0194	1.0237	1.0279	1.0322
0.35	1.0364	1.0407	1.0450	1.0494	1.0537	1.0581	1.0625	1.0669	1.0714	1.0758
0.36	1.0803	1.0848	1.0893	1.0939	1.0985	1.031	1.1077	1.1123	1.1170	1.1217
0.37	1.1264	1.1311	1.1359	1.1407	1.1455	1.1503	1.1552	1.1601	1.1650	1.1700
0.38	1.1750	1.1800	1.1850	1.1901	1.1952	1.2004	1.2055	1.2107	1.2160	1.2212
0.39	1.2265	1.2319	1.2372	1.2426	1.2481	1.2536	1.2591	1.2646	1.2702	1.2759
0.40	1.2816	1.2873	1.2930	1.2988	1.3047	1.3106	1.3165	1.3225	1.3285	1.3346
0.41	1.3408	1.3469	1.3532	1.3595	1.3658	1.3722	1.3787	1.3852	1.3917	1.3984
0.42	1.4051	1.4118	1.4187	1.4255	1.4325	1.4395	1.4466	1.4538	1.4611	1.4684
0.43	1.4758	1.4833	1.4909	1.4985	1.5063	1.5141	1.5220	1.5301	1.5382	1.5464
0.44	1.5548	1.5632	1.5718	1.5805	1.5893	1.5982	1.6072	1.6164	1.6258	1.6352
0.45	1.6449	1.6546	1.6646	1.6747	1.6849	1.6954	1.7060	1.7169	1.7279	1.7392
0.46	1.7507	1.7624	1.7744	1.7866	1.7991	1.8119	1.8250	1.8384	1.8522	1.8663
0.47	1.8808	1.8957	1.9110	1.9268	1.9431	1.9600	1.9774	1.9954	2.0141	2.0335
0.48	2.0537	2.0749	2.0969	2.1201	2.1444	2.1701	2.1973	2.2262	2.2571	2.2904
0.49	2.3263	2.3656	2.4089	2.4573	2.5121	2.5758	2.6521	2.7478	2.8782	3.0902

付表 3　χ^2 分布表

X が自由度 n の χ^2 分布に従うとき
$P(X \geqq k) = \alpha$ となる k の近似値 $\chi^2_n(\alpha)$.

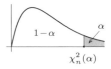

α $\backslash$ n	0.995	0.990	0.975	0.950	0.900	0.500	0.100	0.050	0.025	0.010	0.005
1	393×10^{-7}	157×10^{-6}	982×10^{-6}	393×10^{-5}	0.0158	0.4549	2.706	3.841	5.024	6.635	7.879
2	0.0100	0.0201	0.0506	0.1026	0.2107	1.386	4.605	5.991	7.378	9.210	10.60
3	0.0717	0.1148	0.2158	0.3518	0.5844	2.366	6.251	7.815	9.348	11.34	12.84
4	0.2070	0.2971	0.4844	0.7107	1.064	3.357	7.779	9.488	11.14	13.28	14.86
5	0.4117	0.5543	0.8312	1.145	1.610	4.351	9.236	11.07	12.83	15.09	16.75
6	0.6757	0.8721	1.237	1.635	2.204	5.348	10.64	12.59	14.45	16.81	18.55
7	0.9893	1.239	1.690	2.167	2.833	6.346	12.02	14.07	16.01	18.48	20.28
8	1.344	1.646	2.180	2.733	3.490	7.344	13.36	15.51	17.53	20.09	21.95
9	1.735	2.088	2.700	3.325	4.168	8.343	14.68	16.92	19.02	21.67	23.59
10	2.156	2.558	3.247	3.940	4.865	9.342	15.99	18.31	20.48	23.21	25.19
11	2.603	3.053	3.816	4.575	5.578	10.34	17.28	19.68	21.92	24.72	26.76
12	3.074	3.571	4.404	5.226	6.304	11.34	18.55	21.03	23.34	26.22	28.30
13	3.565	4.107	5.009	5.892	7.042	12.34	19.81	22.36	24.74	27.69	29.82
14	4.075	4.660	5.629	6.571	7.790	13.34	21.06	23.68	26.12	29.14	31.32
15	4.601	5.229	6.262	7.261	8.547	14.34	22.31	25.00	27.49	30.58	32.80
16	5.142	5.812	6.908	7.962	9.312	15.34	23.54	26.30	28.85	32.00	34.27
17	5.697	6.408	7.564	8.672	10.09	16.34	24.77	27.59	30.19	33.41	35.72
18	6.265	7.015	8.231	9.390	10.86	17.34	25.99	28.87	31.53	34.81	37.16
19	6.844	7.633	8.907	10.12	11.65	18.34	27.20	30.14	32.85	36.19	38.58
20	7.434	8.260	9.591	10.85	12.44	19.34	28.41	31.41	34.17	37.57	40.00
21	8.034	8.897	10.28	11.59	13.24	20.34	29.62	32.67	35.48	38.93	41.40
22	8.643	9.542	10.98	12.34	14.04	21.34	30.81	33.92	36.78	40.29	42.80
23	9.260	10.20	11.69	13.09	14.85	22.34	32.01	35.17	38.08	41.64	44.18
24	9.886	10.86	12.40	13.85	15.66	23.34	33.20	36.42	39.36	42.98	45.56
25	10.52	11.52	13.12	14.61	16.47	24.34	34.38	37.65	40.65	44.31	46.93
26	11.16	12.20	13.84	15.38	17.29	25.34	35.56	38.89	41.92	45.64	48.29
27	11.81	12.88	14.57	16.15	18.11	26.34	36.74	40.11	43.19	46.96	49.64
28	12.46	13.56	15.31	16.93	18.94	27.34	37.92	41.34	44.46	48.28	50.99
29	13.12	14.26	16.05	17.71	19.77	28.34	39.09	42.56	45.72	49.59	52.34
30	13.79	14.95	16.79	18.49	20.60	29.34	40.26	43.77	46.98	50.89	53.67
40	20.71	22.16	24.43	26.51	29.05	39.34	51.81	55.76	59.34	63.69	66.77
50	27.99	29.71	32.36	34.76	37.69	49.33	63.17	67.50	71.42	76.15	79.49
60	35.53	37.48	40.48	43.19	46.46	59.33	74.40	79.08	83.30	88.38	91.95
70	43.28	45.44	48.76	51.74	55.33	69.33	85.53	90.53	95.02	100.4	104.2
80	51.17	53.54	57.15	60.39	64.28	79.33	96.58	101.9	106.6	112.3	116.3
90	59.20	61.75	65.65	69.13	73.29	89.33	107.6	113.1	118.1	124.1	128.3
100	67.33	70.06	74.22	77.93	82.36	99.33	118.5	124.3	129.6	135.8	140.2

付表4　t 分布表

T が自由度 n の t 分布に従うとき
$P(T \geqq k) = \alpha$ となる k の近似値 $t_n(\alpha)$.

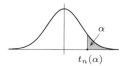

n \ α	0.250	0.150	0.100	0.050	0.025	0.010	0.005	0.001	0.0005
1	1.000	1.963	3.078	6.314	12.71	31.82	63.66	318.3	636.6
2	0.816	1.386	1.886	2.920	4.303	6.965	9.925	22.33	31.60
3	0.765	1.250	1.638	2.353	3.182	4.541	5.841	10.21	12.92
4	0.741	1.190	1.533	2.132	2.776	3.747	4.604	7.173	8.610
5	0.727	1.156	1.476	2.015	2.571	3.365	4.032	5.893	6.869
6	0.718	1.134	1.440	1.943	2.447	3.143	3.707	5.208	5.959
7	0.711	1.119	1.415	1.895	2.365	2.998	3.499	4.785	5.408
8	0.706	1.108	1.397	1.860	2.306	2.896	3.355	4.501	5.041
9	0.703	1.100	1.383	1.833	2.262	2.821	3.250	4.297	4.781
10	0.700	1.093	1.372	1.812	2.228	2.764	3.169	4.144	4.587
11	0.697	1.088	1.363	1.796	2.201	2.718	3.106	4.025	4.437
12	0.695	1.083	1.356	1.782	2.179	2.681	3.055	3.930	4.318
13	0.694	1.079	1.350	1.771	2.160	2.650	3.012	3.852	4.221
14	0.692	1.076	1.345	1.761	2.145	2.624	2.977	3.787	4.140
15	0.691	1.074	1.341	1.753	2.131	2.602	2.947	3.733	4.073
16	0.690	1.071	1.337	1.746	2.120	2.583	2.921	3.686	4.015
17	0.689	1.069	1.333	1.740	2.110	2.567	2.898	3.646	3.965
18	0.688	1.067	1.330	1.734	2.101	2.552	2.878	3.610	3.922
19	0.688	1.066	1.328	1.729	2.093	2.539	2.861	3.579	3.883
20	0.687	1.064	1.325	1.725	2.086	2.528	2.845	3.552	3.850
21	0.686	1.063	1.323	1.721	2.080	2.518	2.831	3.527	3.819
22	0.686	1.061	1.321	1.717	2.074	2.508	2.819	3.505	3.792
23	0.685	1.060	1.319	1.714	2.069	2.500	2.807	3.485	3.768
24	0.685	1.059	1.318	1.711	2.064	2.492	2.797	3.467	3.745
25	0.684	1.058	1.316	1.708	2.060	2.485	2.787	3.450	3.725
26	0.684	1.058	1.315	1.706	2.056	2.479	2.779	3.435	3.707
27	0.684	1.057	1.314	1.703	2.052	2.473	2.771	3.421	3.690
28	0.683	1.056	1.313	1.701	2.048	2.467	2.763	3.408	3.674
29	0.683	1.055	1.311	1.699	2.045	2.462	2.756	3.396	3.659
30	0.683	1.055	1.310	1.697	2.042	2.457	2.750	3.385	3.646
40	0.681	1.050	1.303	1.684	2.021	2.423	2.704	3.307	3.551
50	0.679	1.047	1.299	1.676	2.009	2.403	2.678	3.261	3.496
60	0.679	1.045	1.296	1.671	2.000	2.390	2.660	3.232	3.460
70	0.678	1.044	1.294	1.667	1.994	2.381	2.648	3.211	3.435
80	0.678	1.043	1.292	1.664	1.990	2.374	2.639	3.195	3.416
90	0.677	1.042	1.291	1.662	1.987	2.368	2.632	3.183	3.402
100	0.677	1.042	1.290	1.660	1.984	2.364	2.626	3.174	3.390
∞	0.674	1.036	1.282	1.645	1.960	2.326	2.576	3.090	3.291

付表 5-1　F 分布表

$\alpha = 0.1$

$F_{m,n}(\alpha)$

n \ m	1	2	3	4	5	6	7	8	9	10	12	15	20	24	30	40	50	100	∞
1	39.86	49.50	53.59	55.83	57.24	58.20	58.91	59.44	59.86	60.19	60.71	61.22	61.74	62.00	62.26	62.53	62.69	63.01	63.33
2	8.53	9.00	9.16	9.24	9.29	9.33	9.35	9.37	9.38	9.39	9.41	9.42	9.44	9.45	9.46	9.47	9.47	9.48	9.49
3	5.54	5.46	5.39	5.34	5.31	5.28	5.27	5.25	5.24	5.23	5.22	5.20	5.18	5.18	5.17	5.16	5.15	5.14	5.13
4	4.54	4.32	4.19	4.11	4.05	4.01	3.98	3.95	3.94	3.92	3.90	3.87	3.84	3.83	3.82	3.80	3.80	3.78	3.76
5	4.06	3.78	3.62	3.52	3.45	3.40	3.37	3.34	3.32	3.30	3.27	3.24	3.21	3.19	3.17	3.16	3.15	3.13	3.10
6	3.78	3.46	3.29	3.18	3.11	3.05	3.01	2.98	2.96	2.94	2.90	2.87	2.84	2.82	2.80	2.78	2.77	2.75	2.72
7	3.59	3.26	3.07	2.96	2.88	2.83	2.78	2.75	2.72	2.70	2.67	2.63	2.59	2.58	2.56	2.54	2.52	2.50	2.47
8	3.46	3.11	2.92	2.81	2.73	2.67	2.62	2.59	2.56	2.54	2.50	2.46	2.42	2.40	2.38	2.36	2.35	2.32	2.29
9	3.36	3.01	2.81	2.69	2.61	2.55	2.51	2.47	2.44	2.42	2.38	2.34	2.30	2.28	2.25	2.23	2.22	2.19	2.16
10	3.29	2.92	2.73	2.61	2.52	2.46	2.41	2.38	2.35	2.32	2.28	2.24	2.20	2.18	2.16	2.13	2.12	2.09	2.06
11	3.23	2.86	2.66	2.54	2.45	2.39	2.34	2.30	2.27	2.25	2.21	2.17	2.12	2.10	2.08	2.05	2.04	2.01	1.97
12	3.18	2.81	2.61	2.48	2.39	2.33	2.28	2.24	2.21	2.19	2.15	2.10	2.06	2.04	2.01	1.99	1.97	1.94	1.90
13	3.14	2.76	2.56	2.43	2.35	2.28	2.23	2.20	2.16	2.14	2.10	2.05	2.01	1.98	1.96	1.93	1.92	1.88	1.85
14	3.10	2.73	2.52	2.39	2.31	2.24	2.19	2.15	2.12	2.10	2.05	2.01	1.96	1.94	1.91	1.89	1.87	1.83	1.80
15	3.07	2.70	2.49	2.36	2.27	2.21	2.16	2.12	2.09	2.06	2.02	1.97	1.92	1.90	1.87	1.85	1.83	1.79	1.76
16	3.05	2.67	2.46	2.33	2.24	2.18	2.13	2.09	2.06	2.03	1.99	1.94	1.89	1.87	1.84	1.81	1.79	1.76	1.72
17	3.03	2.64	2.44	2.31	2.22	2.15	2.10	2.06	2.03	2.00	1.96	1.91	1.86	1.84	1.81	1.78	1.76	1.73	1.69
18	3.01	2.62	2.42	2.29	2.20	2.13	2.08	2.04	2.00	1.98	1.93	1.89	1.84	1.81	1.78	1.75	1.74	1.70	1.66
19	2.99	2.61	2.40	2.27	2.18	2.11	2.06	2.02	1.98	1.96	1.91	1.86	1.81	1.79	1.76	1.73	1.71	1.67	1.63
20	2.97	2.59	2.38	2.25	2.16	2.09	2.04	2.00	1.96	1.94	1.89	1.84	1.79	1.77	1.74	1.71	1.69	1.65	1.61
21	2.96	2.57	2.36	2.23	2.14	2.08	2.02	1.98	1.95	1.92	1.87	1.83	1.78	1.75	1.72	1.69	1.67	1.63	1.59
22	2.95	2.56	2.35	2.22	2.13	2.06	2.01	1.97	1.93	1.90	1.86	1.81	1.76	1.73	1.70	1.67	1.65	1.61	1.57
23	2.94	2.55	2.34	2.21	2.11	2.05	1.99	1.95	1.92	1.89	1.84	1.80	1.74	1.72	1.69	1.66	1.64	1.59	1.55
24	2.93	2.54	2.33	2.19	2.10	2.04	1.98	1.94	1.91	1.88	1.83	1.78	1.73	1.70	1.67	1.64	1.62	1.58	1.53
25	2.92	2.53	2.32	2.18	2.09	2.02	1.97	1.93	1.89	1.87	1.82	1.77	1.72	1.69	1.66	1.63	1.61	1.56	1.52
30	2.88	2.49	2.28	2.14	2.05	1.98	1.93	1.88	1.85	1.82	1.77	1.72	1.67	1.64	1.61	1.57	1.55	1.51	1.46
40	2.84	2.44	2.23	2.09	2.00	1.93	1.87	1.83	1.79	1.76	1.71	1.66	1.61	1.57	1.54	1.51	1.48	1.43	1.38
50	2.81	2.41	2.20	2.06	1.97	1.90	1.84	1.80	1.76	1.73	1.68	1.63	1.57	1.54	1.50	1.46	1.44	1.39	1.33
100	2.76	2.36	2.14	2.00	1.91	1.83	1.78	1.73	1.69	1.66	1.61	1.56	1.49	1.46	1.42	1.38	1.35	1.29	1.21
∞	2.71	2.30	2.08	1.94	1.85	1.77	1.72	1.67	1.63	1.60	1.55	1.49	1.42	1.38	1.34	1.30	1.26	1.18	1.00

付表 5-2　　F 分布表

$\alpha = 0.05$

m \ n	1	2	3	4	5	6	7	8	9	10	12	15	20	24	30	40	50	100	∞
1	161.4	199.5	215.7	224.6	230.2	234.0	236.8	238.9	240.5	241.9	243.9	245.9	248.0	249.1	250.1	251.1	251.8	253.0	254.3
2	18.51	19.00	19.16	19.25	19.30	19.33	19.35	19.37	19.38	19.40	19.41	19.43	19.45	19.45	19.46	19.47	19.48	19.49	19.50
3	10.13	9.55	9.28	9.12	9.01	8.94	8.89	8.85	8.81	8.79	8.74	8.70	8.66	8.64	8.62	8.59	8.58	8.55	8.53
4	7.71	6.94	6.59	6.39	6.26	6.16	6.09	6.04	6.00	5.96	5.91	5.86	5.80	5.77	5.75	5.72	5.70	5.66	5.63
5	6.61	5.79	5.41	5.19	5.05	4.95	4.88	4.82	4.77	4.74	4.68	4.62	4.56	4.53	4.50	4.46	4.44	4.41	4.36
6	5.99	5.14	4.76	4.53	4.39	4.28	4.21	4.15	4.10	4.06	4.00	3.94	3.87	3.84	3.81	3.77	3.75	3.71	3.67
7	5.59	4.74	4.35	4.12	3.97	3.87	3.79	3.73	3.68	3.64	3.57	3.51	3.44	3.41	3.38	3.34	3.32	3.27	3.23
8	5.32	4.46	4.07	3.84	3.69	3.58	3.50	3.44	3.39	3.35	3.28	3.22	3.15	3.12	3.08	3.04	3.02	2.97	2.93
9	5.12	4.26	3.86	3.63	3.48	3.37	3.29	3.23	3.18	3.14	3.07	3.01	2.94	2.90	2.86	2.83	2.80	2.76	2.71
10	4.96	4.10	3.71	3.48	3.33	3.22	3.14	3.07	3.02	2.98	2.91	2.85	2.77	2.74	2.70	2.66	2.64	2.59	2.54
11	4.84	3.98	3.59	3.36	3.20	3.09	3.01	2.95	2.90	2.85	2.79	2.72	2.65	2.61	2.57	2.53	2.51	2.46	2.40
12	4.75	3.89	3.49	3.26	3.11	3.00	2.91	2.85	2.80	2.75	2.69	2.62	2.54	2.51	2.47	2.43	2.40	2.35	2.30
13	4.67	3.81	3.41	3.18	3.03	2.92	2.83	2.77	2.71	2.67	2.60	2.53	2.46	2.42	2.38	2.34	2.31	2.26	2.21
14	4.60	3.74	3.34	3.11	2.96	2.85	2.76	2.70	2.65	2.60	2.53	2.46	2.39	2.35	2.31	2.27	2.24	2.19	2.13
15	4.54	3.68	3.29	3.06	2.90	2.79	2.71	2.64	2.59	2.54	2.48	2.40	2.33	2.29	2.25	2.20	2.18	2.12	2.07
16	4.49	3.63	3.24	3.01	2.85	2.74	2.66	2.59	2.54	2.49	2.42	2.35	2.28	2.24	2.19	2.15	2.12	2.07	2.01
17	4.45	3.59	3.20	2.96	2.81	2.70	2.61	2.55	2.49	2.45	2.38	2.31	2.23	2.19	2.15	2.10	2.08	2.02	1.96
18	4.41	3.55	3.16	2.93	2.77	2.66	2.58	2.51	2.46	2.41	2.34	2.27	2.19	2.15	2.11	2.06	2.04	1.98	1.92
19	4.38	3.52	3.13	2.90	2.74	2.63	2.54	2.48	2.42	2.38	2.31	2.23	2.16	2.11	2.07	2.03	2.00	1.94	1.88
20	4.35	3.49	3.10	2.87	2.71	2.60	2.51	2.45	2.39	2.35	2.28	2.20	2.12	2.08	2.04	1.99	1.97	1.91	1.84
21	4.32	3.47	3.07	2.84	2.68	2.57	2.49	2.42	2.37	2.32	2.25	2.18	2.10	2.05	2.01	1.96	1.94	1.88	1.81
22	4.30	3.44	3.05	2.82	2.66	2.55	2.46	2.40	2.34	2.30	2.23	2.15	2.07	2.03	1.98	1.94	1.91	1.85	1.78
23	4.28	3.42	3.03	2.80	2.64	2.53	2.44	2.37	2.32	2.27	2.20	2.13	2.05	2.01	1.96	1.91	1.88	1.82	1.76
24	4.26	3.40	3.01	2.78	2.62	2.51	2.42	2.36	2.30	2.25	2.18	2.11	2.03	1.98	1.94	1.89	1.86	1.80	1.73
25	4.24	3.39	2.99	2.76	2.60	2.49	2.40	2.34	2.28	2.24	2.16	2.09	2.01	1.96	1.92	1.87	1.84	1.78	1.71
30	4.17	3.32	2.92	2.69	2.53	2.42	2.33	2.27	2.21	2.16	2.09	2.01	1.93	1.89	1.84	1.79	1.76	1.70	1.62
40	4.08	3.23	2.84	2.61	2.45	2.34	2.25	2.18	2.12	2.08	2.00	1.92	1.84	1.79	1.74	1.69	1.66	1.59	1.51
50	4.03	3.18	2.79	2.56	2.40	2.29	2.20	2.13	2.07	2.03	1.95	1.87	1.78	1.74	1.69	1.63	1.60	1.52	1.44
100	3.94	3.09	2.70	2.46	2.31	2.19	2.10	2.03	1.97	1.93	1.85	1.77	1.68	1.63	1.57	1.52	1.48	1.39	1.28
∞	3.84	3.00	2.60	2.37	2.21	2.10	2.01	1.94	1.88	1.83	1.75	1.67	1.57	1.52	1.46	1.39	1.35	1.24	1.00

付表 5-3　**F 分布表**

$\alpha = 0.025$

$F_{m,n}(\alpha)$

n＼m	1	2	3	4	5	6	7	8	9	10	12	15	20	24	30	40	50	100	∞
1	647.8	799.5	864.2	899.6	921.8	937.1	948.2	956.7	963.3	968.6	976.7	984.9	993.1	997.2	1001	1006	1008	1013	1018
2	38.51	39.00	39.17	39.25	39.30	39.33	39.36	39.37	39.39	39.40	39.41	39.43	39.45	39.46	39.46	39.47	39.48	39.49	39.50
3	17.44	16.04	15.44	15.10	14.88	14.73	14.62	14.54	14.47	14.42	14.34	14.25	14.17	14.12	14.08	14.04	14.01	13.96	13.90
4	12.22	10.65	9.98	9.60	9.36	9.20	9.07	8.98	8.90	8.84	8.75	8.66	8.56	8.51	8.46	8.41	8.38	8.32	8.26
5	10.01	8.43	7.76	7.39	7.15	6.98	6.85	6.76	6.68	6.62	6.52	6.43	6.33	6.28	6.23	6.18	6.14	6.08	6.02
6	8.81	7.26	6.60	6.23	5.99	5.82	5.70	5.60	5.52	5.46	5.37	5.27	5.17	5.12	5.07	5.01	4.98	4.92	4.85
7	8.07	6.54	5.89	5.52	5.29	5.12	4.99	4.90	4.82	4.76	4.67	4.57	4.47	4.41	4.36	4.31	4.28	4.21	4.14
8	7.57	6.06	5.42	5.05	4.82	4.65	4.53	4.43	4.36	4.30	4.20	4.10	4.00	3.95	3.89	3.84	3.81	3.74	3.67
9	7.21	5.71	5.08	4.72	4.48	4.32	4.20	4.10	4.03	3.96	3.87	3.77	3.67	3.61	3.56	3.51	3.47	3.40	3.33
10	6.94	5.46	4.83	4.47	4.24	4.07	3.95	3.85	3.78	3.72	3.62	3.52	3.42	3.37	3.31	3.26	3.22	3.15	3.08
11	6.72	5.26	4.63	4.28	4.04	3.88	3.76	3.66	3.59	3.53	3.43	3.33	3.23	3.17	3.12	3.06	3.03	2.96	2.88
12	6.55	5.10	4.47	4.12	3.89	3.73	3.61	3.51	3.44	3.37	3.28	3.18	3.07	3.02	2.96	2.91	2.87	2.80	2.72
13	6.41	4.97	4.35	4.00	3.77	3.60	3.48	3.39	3.31	3.25	3.15	3.05	2.95	2.89	2.84	2.78	2.74	2.67	2.60
14	6.30	4.86	4.24	3.89	3.66	3.50	3.38	3.29	3.21	3.15	3.05	2.95	2.84	2.79	2.73	2.67	2.64	2.56	2.49
15	6.20	4.77	4.15	3.80	3.58	3.41	3.29	3.20	3.12	3.06	2.96	2.86	2.76	2.70	2.64	2.59	2.55	2.47	2.40
16	6.12	4.69	4.08	3.73	3.50	3.34	3.22	3.12	3.05	2.99	2.89	2.79	2.68	2.63	2.57	2.51	2.47	2.40	2.32
17	6.04	4.62	4.01	3.66	3.44	3.28	3.16	3.06	2.98	2.92	2.82	2.72	2.62	2.56	2.50	2.44	2.41	2.33	2.25
18	5.98	4.56	3.95	3.61	3.38	3.22	3.10	3.01	2.93	2.87	2.77	2.67	2.56	2.50	2.44	2.38	2.35	2.27	2.19
19	5.92	4.51	3.90	3.56	3.33	3.17	3.05	2.96	2.88	2.82	2.72	2.62	2.51	2.45	2.39	2.33	2.30	2.22	2.13
20	5.87	4.46	3.86	3.51	3.29	3.13	3.01	2.91	2.84	2.77	2.68	2.57	2.46	2.41	2.35	2.29	2.25	2.17	2.09
21	5.83	4.42	3.82	3.48	3.25	3.09	2.97	2.87	2.80	2.73	2.64	2.53	2.42	2.37	2.31	2.25	2.21	2.13	2.04
22	5.79	4.38	3.78	3.44	3.22	3.05	2.93	2.84	2.76	2.70	2.60	2.50	2.39	2.33	2.27	2.21	2.17	2.09	2.00
23	5.75	4.35	3.75	3.41	3.18	3.02	2.90	2.81	2.73	2.67	2.57	2.47	2.36	2.30	2.24	2.18	2.14	2.06	1.97
24	5.72	4.32	3.72	3.38	3.15	2.99	2.87	2.78	2.70	2.64	2.54	2.44	2.33	2.27	2.21	2.15	2.11	2.02	1.94
25	5.69	4.29	3.69	3.35	3.13	2.97	2.85	2.75	2.68	2.61	2.51	2.41	2.30	2.24	2.18	2.12	2.08	2.00	1.91
30	5.57	4.18	3.59	3.25	3.03	2.87	2.75	2.65	2.57	2.51	2.41	2.31	2.20	2.14	2.07	2.01	1.97	1.88	1.79
40	5.42	4.05	3.46	3.13	2.90	2.74	2.62	2.53	2.45	2.39	2.29	2.18	2.07	2.01	1.94	1.88	1.83	1.74	1.64
50	5.34	3.97	3.39	3.05	2.83	2.67	2.55	2.46	2.38	2.32	2.22	2.11	1.99	1.93	1.87	1.80	1.75	1.66	1.55
100	5.18	3.83	3.25	2.92	2.70	2.54	2.42	2.32	2.24	2.18	2.08	1.97	1.85	1.78	1.71	1.64	1.59	1.48	1.35
∞	5.02	3.69	3.12	2.79	2.57	2.41	2.29	2.19	2.11	2.05	1.94	1.83	1.71	1.64	1.57	1.48	1.43	1.30	1.00

付表 5-4　F 分布表

$\alpha = 0.01$

$n \backslash m$	1	2	3	4	5	6	7	8	9	10	12	15	20	24	30	40	50	100	∞
1	4052	5000	5403	5625	5764	5859	5928	5981	6022	6056	6106	6157	6209	6235	6261	6287	6303	6334	6366
2	98.50	99.00	99.17	99.25	99.30	99.33	99.36	99.37	99.39	99.40	99.42	99.43	99.45	99.46	99.47	99.47	99.48	99.49	99.50
3	34.12	30.82	29.46	28.71	28.24	27.91	27.67	27.49	27.35	27.23	27.05	26.87	26.69	26.60	26.50	26.41	26.35	26.24	26.13
4	21.20	18.00	16.69	15.98	15.52	15.21	14.98	14.80	14.66	14.55	14.37	14.20	14.02	13.93	13.84	13.75	13.69	13.58	13.46
5	16.26	13.27	12.06	11.39	10.97	10.67	10.46	10.29	10.16	10.05	9.89	9.72	9.55	9.47	9.38	9.29	9.24	9.13	9.02
6	13.75	10.92	9.78	9.15	8.75	8.47	8.26	8.10	7.98	7.87	7.72	7.56	7.40	7.31	7.23	7.14	7.09	6.99	6.88
7	12.25	9.55	8.45	7.85	7.46	7.19	6.99	6.84	6.72	6.62	6.47	6.31	6.16	6.07	5.99	5.91	5.86	5.75	5.65
8	11.26	8.65	7.59	7.01	6.63	6.37	6.18	6.03	5.91	5.81	5.67	5.52	5.36	5.28	5.20	5.12	5.07	4.96	4.86
9	10.56	8.02	6.99	6.42	6.06	5.80	5.61	5.47	5.35	5.26	5.11	4.96	4.81	4.73	4.65	4.57	4.52	4.41	4.31
10	10.04	7.56	6.55	5.99	5.64	5.39	5.20	5.06	4.94	4.85	4.71	4.56	4.41	4.33	4.25	4.17	4.12	4.01	3.91
11	9.65	7.21	6.22	5.67	5.32	5.07	4.89	4.74	4.63	4.54	4.40	4.25	4.10	4.02	3.94	3.86	3.81	3.71	3.60
12	9.33	6.93	5.95	5.41	5.06	4.82	4.64	4.50	4.39	4.30	4.16	4.01	3.86	3.78	3.70	3.62	3.57	3.47	3.36
13	9.07	6.70	5.74	5.21	4.86	4.62	4.44	4.30	4.19	4.10	3.96	3.82	3.66	3.59	3.51	3.43	3.38	3.27	3.17
14	8.86	6.51	5.56	5.04	4.69	4.46	4.28	4.14	4.03	3.94	3.80	3.66	3.51	3.43	3.35	3.27	3.22	3.11	3.00
15	8.68	6.36	5.42	4.89	4.56	4.32	4.14	4.00	3.89	3.80	3.67	3.52	3.37	3.29	3.21	3.13	3.08	2.98	2.87
16	8.53	6.23	5.29	4.77	4.44	4.20	4.03	3.89	3.78	3.69	3.55	3.41	3.26	3.18	3.10	3.02	2.97	2.86	2.75
17	8.40	6.11	5.18	4.67	4.34	4.10	3.93	3.79	3.68	3.59	3.46	3.31	3.16	3.08	3.00	2.92	2.87	2.76	2.65
18	8.29	6.01	5.09	4.58	4.25	4.01	3.84	3.71	3.60	3.51	3.37	3.23	3.08	3.00	2.92	2.84	2.78	2.68	2.57
19	8.18	5.93	5.01	4.50	4.17	3.94	3.77	3.63	3.52	3.43	3.30	3.15	3.00	2.92	2.84	2.76	2.71	2.60	2.49
20	8.10	5.85	4.94	4.43	4.10	3.87	3.70	3.56	3.46	3.37	3.23	3.09	2.94	2.86	2.78	2.69	2.64	2.54	2.42
21	8.02	5.78	4.87	4.37	4.04	3.81	3.64	3.51	3.40	3.31	3.17	3.03	2.88	2.80	2.72	2.64	2.58	2.48	2.36
22	7.95	5.72	4.82	4.31	3.99	3.76	3.59	3.45	3.35	3.26	3.12	2.98	2.83	2.75	2.67	2.58	2.53	2.42	2.31
23	7.88	5.66	4.76	4.26	3.94	3.71	3.54	3.41	3.30	3.21	3.07	2.93	2.78	2.70	2.62	2.54	2.48	2.37	2.26
24	7.82	5.61	4.72	4.22	3.90	3.67	3.50	3.36	3.26	3.17	3.03	2.89	2.74	2.66	2.58	2.49	2.44	2.33	2.21
25	7.77	5.57	4.68	4.18	3.85	3.63	3.46	3.32	3.22	3.13	2.99	2.85	2.70	2.62	2.54	2.45	2.40	2.29	2.17
30	7.56	5.39	4.51	4.02	3.70	3.47	3.30	3.17	3.07	2.98	2.84	2.70	2.55	2.47	2.39	2.30	2.25	2.13	2.01
40	7.31	5.18	4.31	3.83	3.51	3.29	3.12	2.99	2.89	2.80	2.66	2.52	2.37	2.29	2.20	2.11	2.06	1.94	1.80
50	7.17	5.06	4.20	3.72	3.41	3.19	3.02	2.89	2.78	2.70	2.56	2.42	2.27	2.18	2.10	2.01	1.95	1.82	1.68
100	6.90	4.82	3.98	3.51	3.21	2.99	2.82	2.69	2.59	2.50	2.37	2.22	2.07	1.98	1.89	1.80	1.74	1.60	1.43
∞	6.63	4.61	3.78	3.32	3.02	2.80	2.64	2.51	2.41	2.32	2.18	2.04	1.88	1.79	1.70	1.59	1.52	1.36	1.00

付表 5-5　F 分布表

$\alpha = 0.005$

$F_{m,n}(\alpha)$

m \ n	1	2	3	4	5	6	7	8	9	10	12	15	20	24	30	40	50	100	∞
1	16211	20000	21615	22500	23056	23437	23715	23925	24091	24224	24426	24630	24836	24940	25044	25148	25211	25337	25464
2	198.5	199.0	199.2	199.2	199.3	199.3	199.4	199.4	199.4	199.4	199.4	199.4	199.4	199.5	199.5	199.5	199.5	199.5	199.5
3	55.55	49.80	47.47	46.19	45.39	44.84	44.43	44.13	43.88	43.69	43.39	43.08	42.78	42.62	42.47	42.31	42.21	42.02	41.83
4	31.33	26.28	24.26	23.15	22.46	21.97	21.62	21.35	21.14	20.97	20.70	20.44	20.17	20.03	19.89	19.75	19.67	19.50	19.32
5	22.78	18.31	16.53	15.56	14.94	14.51	14.20	13.96	13.77	13.62	13.38	13.15	12.90	12.78	12.66	12.53	12.45	12.30	12.14
6	18.63	14.54	12.92	12.03	11.46	11.07	10.79	10.57	10.39	10.25	10.03	9.81	9.59	9.47	9.36	9.24	9.17	9.03	8.88
7	16.24	12.40	10.88	10.05	9.52	9.16	8.89	8.68	8.51	8.38	8.18	7.97	7.75	7.64	7.53	7.42	7.35	7.22	7.08
8	14.69	11.04	9.60	8.81	8.30	7.95	7.69	7.50	7.34	7.21	7.01	6.81	6.61	6.50	6.40	6.29	6.22	6.09	5.95
9	13.61	10.11	8.72	7.96	7.47	7.13	6.88	6.69	6.54	6.42	6.23	6.03	5.83	5.73	5.62	5.52	5.45	5.32	5.19
10	12.83	9.43	8.08	7.34	6.87	6.54	6.30	6.12	5.97	5.85	5.66	5.47	5.27	5.17	5.07	4.97	4.90	4.77	4.64
11	12.23	8.91	7.60	6.88	6.42	6.10	5.86	5.68	5.54	5.42	5.24	5.05	4.86	4.76	4.65	4.55	4.49	4.36	4.23
12	11.75	8.51	7.23	6.52	6.07	5.76	5.52	5.35	5.20	5.09	4.91	4.72	4.53	4.43	4.33	4.23	4.17	4.04	3.90
13	11.37	8.19	6.93	6.23	5.79	5.48	5.25	5.08	4.94	4.82	4.64	4.46	4.27	4.17	4.07	3.97	3.91	3.78	3.65
14	11.06	7.92	6.68	6.00	5.56	5.26	5.03	4.86	4.72	4.60	4.43	4.25	4.06	3.96	3.86	3.76	3.70	3.57	3.44
15	10.80	7.70	6.48	5.80	5.37	5.07	4.85	4.67	4.54	4.42	4.25	4.07	3.88	3.79	3.69	3.58	3.52	3.39	3.26
16	10.58	7.51	6.30	5.64	5.21	4.91	4.69	4.52	4.38	4.27	4.10	3.92	3.73	3.64	3.54	3.44	3.37	3.25	3.11
17	10.38	7.35	6.16	5.50	5.07	4.78	4.56	4.39	4.25	4.14	3.97	3.79	3.61	3.51	3.41	3.31	3.25	3.12	2.98
18	10.22	7.21	6.03	5.37	4.96	4.66	4.44	4.28	4.14	4.03	3.86	3.68	3.50	3.40	3.30	3.20	3.14	3.01	2.87
19	10.07	7.09	5.92	5.27	4.85	4.56	4.34	4.18	4.04	3.93	3.76	3.59	3.40	3.31	3.21	3.11	3.04	2.91	2.78
20	9.94	6.99	5.82	5.17	4.76	4.47	4.26	4.09	3.96	3.85	3.68	3.50	3.32	3.22	3.12	3.02	2.96	2.83	2.69
21	9.83	6.89	5.73	5.09	4.68	4.39	4.18	4.01	3.88	3.77	3.60	3.43	3.24	3.15	3.05	2.95	2.88	2.75	2.61
22	9.73	6.81	5.65	5.02	4.61	4.32	4.11	3.94	3.81	3.70	3.54	3.36	3.18	3.08	2.98	2.88	2.82	2.69	2.55
23	9.63	6.73	5.58	4.95	4.54	4.26	4.05	3.88	3.75	3.64	3.47	3.30	3.12	3.02	2.92	2.82	2.76	2.62	2.48
24	9.55	6.66	5.52	4.89	4.49	4.20	3.99	3.83	3.69	3.59	3.42	3.25	3.06	2.97	2.87	2.77	2.70	2.57	2.43
25	9.48	6.60	5.46	4.84	4.43	4.15	3.94	3.78	3.64	3.54	3.37	3.20	3.01	2.92	2.82	2.72	2.65	2.52	2.38
30	9.18	6.35	5.24	4.62	4.23	3.95	3.74	3.58	3.45	3.34	3.18	3.01	2.82	2.73	2.63	2.52	2.46	2.32	2.18
40	8.83	6.07	4.98	4.37	3.99	3.71	3.51	3.35	3.22	3.12	2.95	2.78	2.60	2.50	2.40	2.30	2.23	2.09	1.93
50	8.63	5.90	4.83	4.23	3.85	3.58	3.38	3.22	3.09	2.99	2.82	2.65	2.47	2.37	2.27	2.16	2.10	1.95	1.79
100	8.24	5.59	4.54	3.96	3.59	3.33	3.13	2.97	2.85	2.74	2.58	2.41	2.23	2.13	2.02	1.91	1.84	1.68	1.49
∞	7.88	5.30	4.28	3.72	3.35	3.09	2.90	2.74	2.62	2.52	2.36	2.19	2.00	1.90	1.79	1.67	1.59	1.40	1.00

索　引

167

著者略歴

大 野 博 道
おお の ひろ みち

2005年　東北大学大学院情報科学研究科
　　　　博士課程修了
現　在　信州大学工学部
　　　　博士(情報科学)

岡 本　　葵
おか もと　　まもる

2014年　京都大学大学院理学研究科博士
　　　　課程修了
現　在　大阪大学大学院理学研究科
　　　　博士(理学)

河 邊　淳
かわ べ　じゅん

1986年　東京工業大学大学院理工学研究
　　　　科博士後期課程修了
現　在　信州大学工学部
　　　　理学博士

鈴 木 章 斗
すず き あき と

2008年　北海道大学大学院理学院博士課
　　　　程修了
現　在　信州大学工学部
　　　　博士(理学)

ⓒ 大野博道・岡本葵・河邊淳・鈴木章斗　2021

2021 年 9 月 9 日　初 版 発 行

確率・統計の基礎

　　　　　　　大 野 博 道
　　　　　　　岡 本　　　葵
著　者　　　　河 邊　　　淳
　　　　　　　鈴 木 章 斗
発行者　　　　山 本　　　格

発行所　株式会社　培 風 館
東京都千代田区九段南 4-3-12・郵便番号 102-8260
電 話 (03) 3262-5256(代表)・振 替 00140-7-44725

三美印刷・牧 製本

PRINTED IN JAPAN

ISBN 978-4-563-01022-5　C3033